《便利生活慕客誌》（暮らし上手）編輯部

創刊超過四年，提倡「多用點心，日子過得更開心」理念，定期會在官網連載由料理專家所提供「今天晚餐煮什麼？」的一周食譜，不僅簡單又兼顧美味，因此受到許多人喜愛，網站同時看得到豐富的生活情報，是本讓你可以在一成不變的日子裡，被喜歡事物圍繞而感到心情大好的生活風格類雜誌。

美食家的餐桌

拿手菜、餐具器皿、烹調巧思，
和料理專家們熱愛的生活

馬賽魚湯風味粥

放了滿滿秋天果實的提拉米蘇

便利生活慕客誌 編輯部

朱雀文化

NO COOKING! NO LIFE! 的美食家們 ………… 人名索引

Contents 目錄

美食家的烹調巧思

用一道菜代替名片

My special Plate

美食家們愛用的生活道具

Favorite item

美食家們的生活小訣竅

Daily Life

※ 本書中介紹的美食家愛用品，皆為受訪者的私人物品。因此可能會有不少已絕版的商品，或書中介紹商店已不再販售的情形。

※ 本書的分類方式非等同於各料理專家的專業領域，只是站在編輯立場選擇受訪者專精，或是佔其工作最大比例的領域作為代表。

Chapter 2

西式・多國籍料理

WESTERN & ETHNIC

Chapter 3

甜點

SWEETS

Chapter 4

麵包

BREAD

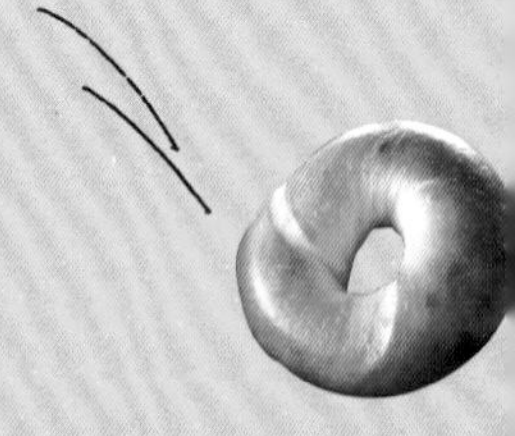

Contents 目錄

Chapter 1

日式・家庭料理

JAPANESE & HOME-STYLE

前言 Prologue

來看看熱愛料理的人們怎麼過生活。

因為喜歡料理、熱愛美食，對於與吃相關的一切生活細節有所堅持，也是理所當然的吧！讓人讚嘆的料理專家們，不但懂得如何煮出美味餐點，也能用清楚易懂的方式來傳達美食的魅力，教我們如何享受飲食。

除了在烹飪上擁有許多令人佩服的創意與技

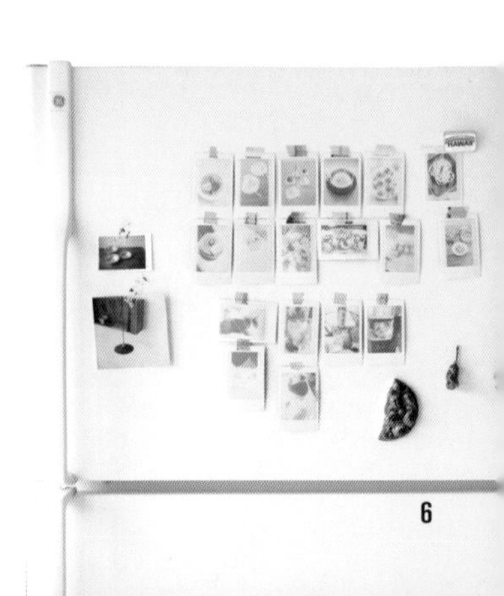

巧，檯面下的時時刻刻又過得怎樣呢？大多數美食專家對於居家與日常用品，有著不刻意強調的小小堅持，也很懂得打點生活裡的所有細節。

本書讓我們看到這些打從心底熱愛飲食、用自我風格享受生活的美食家們，最真實的一面，在他們用心「創作食物」之餘，還隱藏著許多印象深刻的生活靈感與智慧範本。

相信在看過這些蘊含滿滿心意的故事與美味料理後，你家的餐桌風景也會開始產生微妙變化。

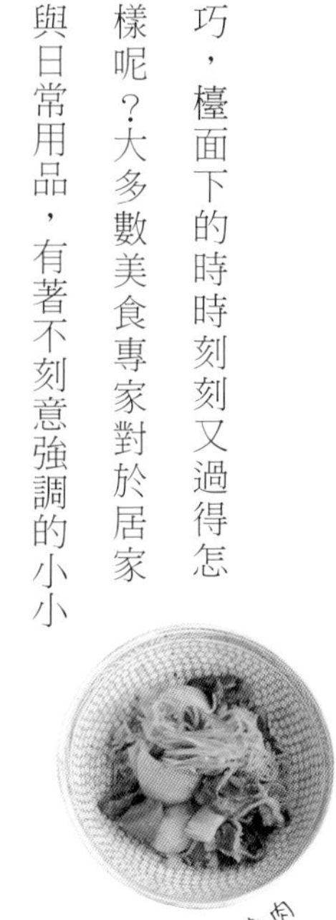

馬鈴薯燉肉

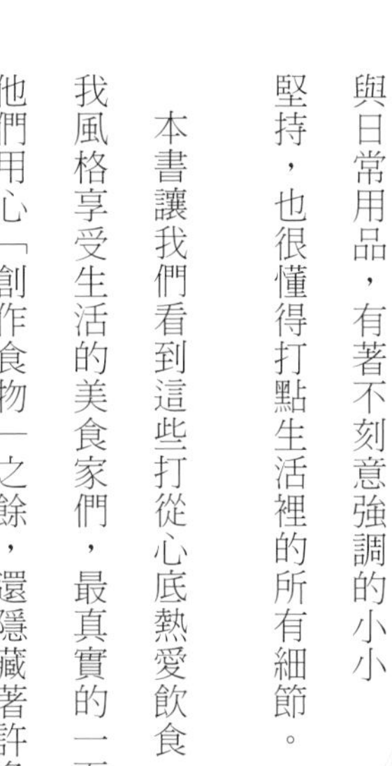

適合配飯的高麗菜捲

My special plate

用一道菜代替名片

對於以料理為主業的人來說，烹調出的每道菜就像是「分身」一樣具有代表性。這個單元邀請了10位料理專家，每人做出一道能夠代替自己名片的料理，試著用一個盤子介紹自己；究竟他們會完成怎樣的一道菜呢？

My Plate

1

Name	藥袋絹子
Recipe	椰奶醬醋燉雞

Concept　這道料理運用了我最愛的「Staub 鑄鐵鍋」特性，燉煮出入口即化的雞肉。

款待客人時，我會用最愛的「Staub 鑄鐵鍋」燉煮料理。

三年前第一次吃到用 Staub 做的燉肉時，那份美味令我感動不已。肉和骨頭輕易就能分開，肉質也軟嫩可口，和用其他鍋做出來的口感完全不同，從此之後我就深深愛上這款鍋子，這道「椰奶醬醋燉雞」，就是用我最愛的 Staub 做出來的。

我經常有機會邀請眾多賓客來家裡舉行家庭派對，此時，燉煮一鍋菜是最方便款待客人的方法。只要將食材準備好，剩下的就交給鍋子了。利用燉煮的時間，我還可以準備其他菜餚。不過，還是有些看不到的手續需要事先處理，比如去除雞肉多餘的脂肪，以及為了入味而仔細用叉子戳遍雞肉表面等等，這些眉眉角角都會為料理的完美加分。

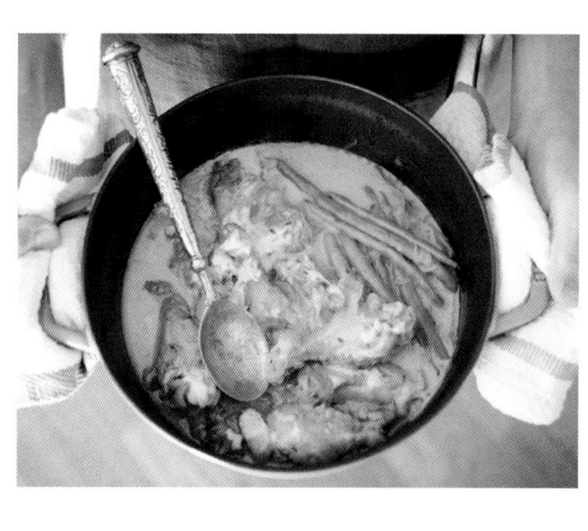

這道料理是以菲律賓菜「醬醋雞肉（Adobo）」為基礎改良的。我是個嗜吃香辛料的人，其中「孜然」這種香料更是我的最愛，甚至被朋友戲稱「一提到絹子就想到孜然」。我試著在菲式醬醋雞肉裡加入孜然，增添香料的風味，因為沒有放辣椒，喜歡吃辣的大人也可以依喜好加入七味辣椒粉。在人數眾多的派對上，有時除了大人也會有小孩，這種大家都敢吃的料理最受歡迎了。

招待客人時，除了外表美觀的前菜、法式鹹派之外，我還會準備雞蛋料理、魚類料理及義大利麵等各種不同的料理，這當中如果能加入一道溫暖而香氣四溢的燉煮料理，一定很棒。香氣不但能刺激食慾，當客人打開玄關大門的瞬間，就好像料理在說「阿囉哈」，用誘人的氣味迎接賓客到來吧！

食譜在P122

My Plate

2

Name	Salbot 恭子
Recipe	燉甜椒

Concept 不需多餘手續，只靠一口鍋就能簡單吃出食材美味。

做菜沒壓力、做出每天吃也吃不膩的料理，這就是我想努力的目標。

在法國巴斯克地區，燉甜椒這道菜是一般人耳熟能詳的家庭料理。我為了磨練廚藝前往法國研習時，在當地認識了這道菜。我們常說的椒類蔬果，在那裡多半指的是這種具有甜味、價廉物美的甜椒，住在那裡時，我經常買來做菜。回國後，每逢甜椒當令的初夏至盛夏，這道色彩繽紛的佳餚一定會出現在我家餐桌上。

烹飪這道料理的訣竅，在於層疊各種蔬菜時的順序，重點要讓蔬菜確實釋出水分。靠近鍋底先墊的是最容易出水的洋蔥和蕃茄，再層層疊上甜椒，最後隨自己口味喜好加入美味的鹽巴與橄欖油，蓋上鍋蓋後燉煮約二十分鐘，就大功告成了。烹調時如果使用不需加水的鑄鐵鍋，更能將食材本身的甘甜凝縮在料理中，美味就會更上一層樓。單用一只鍋就能做出的簡單料理，對身為料理人的我來說，也是能夠代表自身風格的料理之一。

做菜時，有些料理人總覺得步驟愈多、工夫愈繁複愈好，相較之下，我卻希望能以配角的心情面對食材與吃的人。再怎麼說，主角都是食物和享用的人，而我則是幕後工作者，為了順利發揮食材本身的優點、讓吃的人吃出美味，我認為自己必須選擇「不做多餘的事」。做菜沒壓力、做出每天吃也吃不膩的料理，這就是我想努力的目標。這道菜，正好能體現這樣的想法。

甜椒燉得柔軟後，甜味也會隨之增加，除了以色彩鮮艷的甜椒為主角之外，還會加入生火腿，有時也搭配麵包一起吃，很有飽足感，而且餐具只需一支叉子，這樣輕鬆隨性也很有我的風格。做為平凡生活中的日常料理，這也是一道深受家人與來客喜愛的佳餚。

↓食譜在P116

My Plate

3

Name 冷水希三子

Recipe 燉雞肉與甜椒

Concept 可以隨興在盤中混合食材與湯汁，自由自在的一道菜。

我想做出讓人「吃了還想再吃」的料理，不但能夠活用食材原味，還要色香味俱全。

我在思考最能代表我的一道菜是什麼時，腦中立即浮現「由吃的人在盤中完成」的一道菜。這道料理，用的是事先以鹽與橄欖油混合過的古斯米（Couscous），搭配燉雞肉與甜椒，再加上快速汆燙過的油菜花與豆子蔬菜香草沙拉，將以上三種食物裝在同一個盤子裡，附上一點微嗆辣的哈里薩辣醬（Harissa），隨個人喜好沾取。吃法很自由隨性，沒有規則，舀起的一湯匙由哪些食物搭配組合，全交給吃的人決定，這樣的料理，就是足以代表我的一道菜。

可以單吃清爽微酸的沙拉搭配古斯米，也可以和燉雞肉與甜椒一起吃，品嚐湯汁入味的部分，而油菜花略苦的滋味，又可以讓味蕾稍作休息。每一樣配料的味道都有其獨特的特性，各自搭著吃時，有著各別不同的新滋味，全部混在一起吃，那又是另一番風味。

我認為這種把食物混在一起吃的樂趣在餐廳裡無法享受，只有在家用餐才辦得到。**可以攪拌混合著吃、泡在湯汁裡吃，有時還可以抹麵包吃……這道菜就像這樣，在不同人的碗中呈現不同組合，希望每個人都能享受這種樂趣。**如果吃過的人自豪地告訴我：「這個很適合和那個配著吃。」我會很高興。

儘管每次做這道菜的食材組合可能都不一樣，但由於我在各種場合不斷做著這道菜，說不定很多人一提起我就會想起這道料理呢！仔細想想，其實我做菜的風格或許一直沒有改變。我想做的，是讓人「吃了還想再吃」的料理，不但能夠活用食材原味，還要色香味俱全，最重要的，是要像這道菜一樣，讓人吃得開心有趣。

↓食譜在P111

My Plate

4

Name	中山智惠
Recipe	湯浸春蔬
Concept	徹底釋放蔬菜風味，連湯汁都美味的一道菜。這道菜可說是我的原點，也是記憶中的好滋味。

每次做這道菜，都會想起當時的心情。

第一次吃到這道將春天蔬菜浸在金黃色湯汁裡的湯浸春蔬，是在某間專賣蔬菜料理的餐廳，那裡提供的蔬食套餐一定會附上這道湯浸料理，還記得當時曾為這道菜的美味驚艷不已。除了飽含湯汁的蔬菜外，湯汁也吸收了蔬菜釋放的甜味；甚至連那間餐廳的老闆都說：「這道菜的湯汁比蔬菜更美味。」

我的老家在北海道東邊，是個盛產昆布的地方，上小學時暑假都會去幫忙採收昆布，平常料理的湯頭也多半以昆布熬煮，對我來說，自認為很熟悉湯頭本該是什麼味道，然而，這道料理的湯頭卻是我從不曾嚐過的滋味。**沒想到高湯能讓蔬菜變得這麼美味，即使不用大量調味料，也能做出如此具有深度的醇厚滋味……**那時的我深深領悟這點，因此，這也可說是讓我開始注意到湯頭的一道料理。

來到東京之後，有幸在原本以客人身分常去的餐館裡工作，剛開始時對什麼都感到很新鮮，無論是湯頭的熬法、蔬菜的處理、蔬菜的好處等，我像海綿一樣忘情地吸收學習一切。也可以說在這道料理中，滿載了當時每天努力學習的我，眼中看到的景色。

我學會不依賴調味料，烹飪時將重點放在食材的原味上。打從被當時吃到的湯浸春蔬深深打動後，對我而言，重要的事就從未改變過。不過，現在的我除了鰹魚或昆布熬取的湯頭外，也會用小魚乾或蝦乾等食材做出各種湯頭。有些事是當年的我不明白，而現在終於了解的，雖然我一方面有所改變，但也有些重視的事始終不變。這兩種我，都充分表現在這道料理之中，因此這道菜可說是我的原點。

↓食譜在P48

My Plate

5

Name	松竹智子
Recipe	豆子與豆腐的爽口咖哩

Concept 盡可能不使用調味料，力求吃出食材的甘醇味。

最重要的是如何用天然食材，做出溫和口味。

懷大兒子時我開始想攝取對身體好的東西，因此將飲食習慣改以蔬菜為主。添加物就不用說了，連調味料都小心翼翼地使用。生完孩子後，體質也跟著轉變，自然而然地渴望起天然食物。從那時起，為了將蔬菜調理得更加美味，我進一步思考各種能引出蔬菜本身滋味的料理方法。

光從外表或許看不出來，這道咖哩放了包括豆腐、黃豆、乾香菇、蘋果等素食蔬果做為主角，即使不放肉，熬煮後蔬菜的甘甜加上乾燥香菇特有的口感，也能創造出飽足感，吃得心滿意足。

想要吃出蔬菜的甘甜味，最重要是加鹽的時機。加鹽不只為了調味，也能釋放蔬菜本身的滋味，這就是「提味鹽」的意思。烹調時得仔細觀察蔬菜的模樣，找出「就是現在！」的最佳時機，快速撒入鹽巴，接下來只要一邊對蔬菜們說：「要變得好吃喔～」一邊細火慢燉，就能烹調出每種食材的最佳風味。甜味並非只能來自砂糖，適量加些乾果類也可以讓料理甘甜。如此一來，就能在只使用一點點鹽調味的情形下，完成對身體溫和不刺激的健康料理。

雖說是咖哩，這道菜並沒有使用市售的咖哩塊，因此可以放心給小朋友吃，七歲的大兒子從兩歲就開始吃這道菜，只可惜他還不大能理解這種美味（笑）。不過我相信，**孩提時代接觸到的味道，即使長大成人也不會忘記，就算他現在無法理解，只要逐漸成長後能體會到「這才是食物本來的味道」**，那就夠了。如果想將某種食物流傳下去，第一要務就是持續做。對我而言，這道爽口咖哩就是這樣的一道菜。

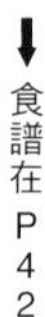

食譜在P42

My Plate

6

Name	富田忠輔
Recipe	根莖蔬菜與小魚乾湯頭炊飯

Concept　小魚乾熬出的質樸滋味滲入飯粒中，每一口都可吃到沁入心扉的美味。

想做出吃完後仍回味無窮的料理。

日式料理的高湯來自柴魚乾、昆布、香菇、小魚乾等各式各樣食材，其中我最喜歡的就是小魚乾熬煮的湯頭。我的家鄉在山口縣，那裡的湯頭代代相傳，都是以小魚乾熬成。

小魚乾高湯的優點是能品嚐到既純樸，又令人回味無窮的美味。我曾在日本料理店磨練廚藝，也在食品公司開發部門工作，在這些過程中我才體會到，**比起簡單明瞭的美味，我更想做出的是令人吃完後懷念不已、回味無窮的料理**。小魚乾高湯和柴魚乾高湯味道不同，我喜歡這種慢慢滲入味蕾的風味，而且只要泡水就可製成高湯，比起需要熬煮的柴魚乾，使用起來更方便；考慮到一般家庭的料理習慣，容易取得、方便調理還是比較重要的，當然，作為家常菜的食材，價格便宜實惠也是它的好處之一。

選擇「炊飯」當作代表自己的一道料理，就是希望做出能充分享受小魚乾湯頭美味的料理，也可以說，我想做的是「表現家常氛圍的一道菜」。用各式各樣食材煮出來的炊飯，是全家人最愛的料理之一，通常我會用砂鍋炊煮，掀開鍋蓋的那一瞬間，聽見家人歡呼的聲音，實在是很開心的一件事。

加在炊飯裡的食材不妨選擇蓮藕或胡蘿蔔，因為小魚乾湯頭的口味較重，很適合用來煮根莖類。另外，蔥也很適合和小魚乾高湯一起調理。用小魚乾做炊飯時，我會事先摘掉魚頭、清除魚內臟、拔下魚骨，這樣做出來的高湯不會有苦味，完成的炊飯才會美味。今後，我也想繼續烹煮這種能讓家人露出笑容、回味無窮的日式料理。

↓食譜在P36

My Plate

7

Name	鈴木惠美
Recipe	馬鈴薯雞肉湯

Concept 從湯料到湯汁，將食材發揮得淋漓盡致的一道菜。

希望做出重視食材「原味」的料理。

搬出老家一個人住後，我開始過著獨立生活，並擁有自己的廚房，那時還無法過得太奢侈，每次煮飯能用的蔬菜種類有限，所以學會了用簡單的方式料理，如此一來反而更能凸顯食材原味；也因為很有趣，而迷上了烹飪。和食材坦誠相見後，慢慢懂得如何分辨當令蔬菜的滋味，也知道什麼時候蔬菜即將過季。

用最簡單的調味料，讓蔬菜的原始美味愈發清晰，讓我深受感動……

從過去到現在，做菜時最重視的始終是「食材原有滋味」，這一點從未改變。選用的食材盡可能種類單純，使用的調味料也極普通，而且極少量。希望自己能引出食材的原味，讓吃的人品嚐得到食物的香氣與口感，以及回味無窮的醇厚美味。

這次做的馬鈴薯雞肉湯，就是這麼一道活用食材原味的湯品。使用的調味料只有鹽與酒，燒水的時候會加入昆布一起熬煮，雞肉和馬鈴薯也各自會釋放湯汁到湯頭裡，形成難以言喻的好滋味。無論何種食材都擁有其獨特的美味，也都可以用來熬湯頭。常用的柴魚乾、昆布、雞骨等食材當然可以熬出十分出色的湯頭，然而就算只是蔬菜，只要細火慢煮，也能熬出美味湯汁，讓湯頭更豐富有層次。湯裡的蔬菜同時也可當作配料食用，不僅能完整品嚐食材的各種滋味，也不浪費。這種令人感到開心的美味，希望能透過這道湯來表達。

這道湯品讓我學會**不加特殊食材、不用特別方式料理，光靠食材原味就能煮出美味的東西。雖然單純，卻又能留下深刻印象的味道，從中感受食材本身的力量。**今後，也想繼續做出這種品嚐得到食材原味的料理。

↓食譜在P61

My Plate

8

Name	中川玉
Recipe	春蔬湯泡飯

Concept　使用大量春天食材，飽含季節滋味，滿滿一整盤都是我喜歡的食物。

將大自然對每個季節的恩賜，用心融入料理。

做料理時我很重視季節感，因此，這次打算使用春天的當令食材。選了油菜花、荷蘭豆、新鮮海帶芽，湯頭則用鯛魚下巴和蛤蜊熬煮，將這個時期的美味作成湯泡飯。對熱愛高湯與白飯的我而言，這是最喜歡的組合之一，無論是朋友來家裡玩，或是一個人吃飯，都很常做這道菜，不裝模作樣的湯泡飯很有我的風格。

可以的話，我多半在逗子地區（編按：位於日本神奈川縣）的農協或自然食品店，採購當地產銷的農產品，自從搬到這裡後，希望盡可能使用這塊土地產物的心情變強烈了。在這裡，店家只要捕捉或採收到當季的魚類及蔬菜，就會立刻在店頭擺出來，這次我用的新鮮海帶芽就是在附近海域採收的，和當天捕獲的魚類一起出現在超市，當地且當季的物產原本就很好吃，營養更是豐富。平常思考菜單時，**多半會參考當令食材種類決定內容，今天做的湯泡飯也是如此，根莖蔬菜與生薑都是冬天的當令食材，如果是夏天，可能就會選用蕃茄等當季食材入菜。**

這道料理的基礎就是「湯」，所以會多點思考如何運用不同食材組合，熬煮令人滿意的湯頭。比方說，用鯛魚的甜味和蛤蜊的醇味加上新鮮海帶芽組合；調味料以煎酒（編按：日本傳統調味料，在日本酒中加入梅乾熬煮而成）取代醬油，梅乾的酸味能將味道整合起來。沒有豪華多樣的食材，都是平易近人、隨手可得的食物，花費心思將這些食物組合，就能做出嶄新又有趣的美味，乍看單純，卻會令人忍不住想問：「這是怎麼做的？」每天吃也吃不膩、吃了還想再吃，這樣的日常料理就是我的理想料理。

⬇食譜在P37

My Plate

9

Name 江端久美子

Recipe 橘皮與青橄欖全麥麵包

Concept 即使是意想不到的組合，只要運用創意，也能做出美味。

尋找「料理真有趣！」的新滋味。

「把這個和這個組合起來，會是什麼味道呢？」我的食譜都在這樣的好奇心下誕生的。一嚐到美味的東西，就會暗中觀察「裡面到底放了什麼」，或帶回家研究，接著，就是開心的試作時間了。目的並非重現一模一樣的東西，有時添加其他食材，有時抽掉某部分內容，找尋另一種新滋味，好像在做實驗呢（笑）！即使是常見的菜色，也會試著改變食材的組成比例，或是重新檢視料理步驟，用自己的方式重組，所以**我沒有招牌菜，做菜也不按牌理出牌，喜歡配合每個當下，做出當時覺得「不錯」的提案**。

麵包最適合我熱愛的這種實驗，材料明明很單純，只有麵粉、水及酵母，可是，只要運用不同配方比例與不同發酵時間，就能變化出不同的口感和味道，造型也很自由，可以開發出無限可能的食譜。

這款橘皮與青橄欖全麥麵包，就是近期發現的有趣組合。憑著向來的直覺，在腦中不斷擴大想像「這種組合絕對很好吃！」充滿自信之後試作，果然大為成功。以風味強烈的全麥粉加入些許黑麥粉，烤出的麵糰口感層次更豐富。橘皮與青橄欖的選擇雖然令人意外，卻搭配得恰到好處，完成自己也點頭大讚「好吃！可行！」的麵包。

對料理家而言，做出來的食物必須符合吃的人的期待，這是工作上很重要的一點。不過，我認為料理過程中也應該加入讓人大呼「有趣！」的元素，那或許是自己認為不錯的口味，又或者是輕易就能完成的步驟……要是大家也能對這些發自我個人好奇心的料理，感到興趣或覺得親切，那就是令我最開心的事。

食譜在P188

My Plate

10

Name　星谷菜菜

Recipe　迷迭香餅乾

Concept　擁有迷迭香的香氣與鬆軟口感，是我一直以來常烤的餅乾。

至今仍殘留心中的那句「真好吃」。

點心的好處就在於能與人分享。製作點心、交送到對方手中、和眾人分享傳遞，正因為點心有這樣的樂趣，所以才更令人覺得美好。其中，餅乾是我從以前就很喜歡的點心。日常生活中、房間的角落裡總有幾個餅乾罐，光是看到這些就能感到安心，還能分送給別人。總覺得送出點心時，如果叮嚀對方「要馬上吃喔」，會造成別人的困擾，若送的是餅乾就不用擔心了，畢竟保存期限長，收到的人想什麼時候吃就什麼時候吃，送餅乾給別人比較不會造成對方的負擔。

這次我做的迷迭香餅乾，是從以前就經常烤來吃的餅乾。第一次做這種餅乾，是獨立創業沒多久的事，我用自家栽培的迷迭香做成迷迭香奶油，嘗試用它來烤餅乾，結果成功烤出很好吃的餅乾，分送給朋友，大家也都吃得很高興，還有人特地寫信或打電話來告訴我「真好吃」，明明可以等下次見面時再說，卻馬上打電話告訴我，真的令我非常非常高興。

從此之後，迷迭香餅乾成為我的最愛。和人見面時像拿出名片似地說著：「我帶來自己做的餅乾囉！」就這樣持續地做下去。有時在舉辦的活動上招待客人吃點心，這種時候，我做的還是這道迷迭香餅乾。它之所以變成對我而言如此重要的存在，一定是因為當時聽到朋友那句「真好吃」時，心中喜悅一直殘留至今的緣故。正因為一直以來不斷請人吃，一想到大部分我認識的人都吃過這款餅乾，不由得感覺迷迭香餅乾對我意義重大，也成為最接近我、最能用來了解我的存在。

食譜在P164

脂肪含量少、肉質容易乾澀的雞胸肉，裹上麵粉與蛋液後，再裹一層厚厚的麵衣，就能炸出飽滿鮮嫩的炸雞塊。市瀨悅子這道「鬆軟可口炸雞胸肉」嚐起來和用雞腿肉炸出的雞塊口感不同，有一番新鮮風味。

[在細心巧手下，誕生一盤充滿創意的料理]

Chapter 1

日式・家庭料理

JAPANESE & HOME-STYLE

湯浸春蔬

馬鈴薯燉肉、炸雞塊、生薑燒豬肉……這些最熟悉的日式家庭料理，層次豐富的湯頭風味，用一點鹽巴提味就嚐得到蔬菜的甘美，既簡單又深刻的溫和美味，正是日式料理最大的魅力。

是什麼樣的機緣，讓二十四位日式料理專家走上這條路？烹飪過程中他們最重視的又是什麼？來看看專家們廚房裡的鍋碗瓢盆、手邊工作的道具，許多不為人知的堅持，都在美食家的餐桌上呈現！

通心粉沙拉

no.001

料理專家

富田忠輔

Tomita Tadasuke

在日本料理店、食品公司開發部門工作過，最後以料理家身分獨立創業。他所主持的日式料理食譜網站「白飯.com（白ごはん.com）」，一天平均吸引三萬人次造訪。近作有《週末準備的便當（週末仕込み弁当）》。www.sirogohan.com

在料理每天的飯菜時，不忘多花一點心思。

富田忠輔最喜歡日式料理那種滲透人心的美味，對他來說，最重視的料理精神是……

在愛知縣近郊與妻子、女兒過著三人生活的富田忠輔，去年三月以料理研究家的身分獨立創業之後，和家人圍著餐桌吃飯的機會增加了，為此他非常開心。當然，他也經常為摯愛的妻女洗手作羹湯，菜色以日式料理為主。

「從小，只要提到家庭餐桌的滋味，第一個想到的就是日式料理。直到現在，最能讓我放鬆身心的也是日式料理。遇到早餐吃麵包的日子，當天中午甚至會忍不住嚷著『真想喝湯呢！』我很喜歡日式料理的湯頭，那種滲入人心的溫暖好味道。」

受到擅長料理的祖母影響，富田忠輔毫不猶豫地選擇走上這條路。現在他除了活躍於雜誌專欄並出書外，為了讓更多人認識料理的美味，還親自主持一個專門介紹日式料理的網站。

說到日式料理的基礎，那就是湯頭了。湯頭對他而言也是不可或缺的東西。用昆布與柴魚乾仔細熬出湯頭來煮味噌湯；或是以小魚乾熬出的湯頭做出美味潤澤每一粒米的炊飯。諸如此類，他家的餐桌上總是不乏這些單純又基本的料理。「只要多花一點心思，多加幾道手續，料理就能一口氣增添美味。我希望自己能夠認真看待每一天、每一餐的生活。」

Q 擅長的料理領域？

大概是介於家庭料理與日本料理間的日式料理。即使用的只是普通的家常食材，也會多加一道步驟、多花一些心思，做出超越一般的家庭料理。

Q 在什麼樣的機緣下成為料理家？

在成為獨當一面的料理專家之前，曾參加過電視台的料理節目，一起上節目的奶奶說：「年輕人不將日式料理發揚光大怎麼行！」這句話促成我走上這條路。

Q 料理時最重視什麼？

比方說在切食材或熬煮湯頭時，我會多加幾道手續，使用食材也不貪多，因為相信食材本身的味道，所以烹調過程盡可能單純。

1：小碟子是每每看到喜歡的，就會忍不住買下的餐具。
2：餐具櫃裡擺滿從喜歡的店家買來的各種器皿，每一件都有不同意義。
3：放滿蔥的炊飯，是學徒時代從主廚那裡學來的口味。蔥能為炊飯增添甜味，有時會做得更簡單，除了蔥之外不放其他食材。
4：所有餐具中最喜歡碗，從藝術家的作品到古董市集買到的，已擁有超過三十個。
5：用回收紙背面作成的食譜筆記。

no.002

料理專家

中川玉

Nakagawa Tama

曾以外燴組合「捏捏（にぎにぎ）」成員身分從事料理工作，後於２００８年獨當一面，善於活用當季食材，多一道巧思的料理很受歡迎。除了活躍於雜誌外，也以住家所在的逗子地區為活動根據地，積極參與料理相關活動，並且開辦烹飪教室。

與家人共度的時間、配合季節做的家事，珍惜平淡的每一天。

每天為家人做料理，配合季節勤勞做家事。
中川玉的料理食譜，
就在這樣的每日生活中誕生。

「我喜歡這種介於鄉下與都市之間，恰到好處的感覺。」住在神奈川縣逗子的中川玉這麼說。因為想讓小孩在接近大自然的環境裡悠閒成長，搬到這裡定居已經十五年。這片土地無論山產或海產都很豐富，她在這裡提倡重視季節味的料理。

和先生與就讀國中的女兒過著三人生活，每天早上的日課就是做便當。先生因工作關係經常晚歸，為他準備的便當菜多半是不會刺激腸胃的溫和食物；正值食慾旺盛青春期的女兒，則為她製作吃了能有飽足感的便當，每天就像這樣，思考著家人的需要發揮廚藝。週末全家團聚的寶貴時光，有時會開車到

1：自己形容「雖然狹窄但是簡潔、有駕駛艙氣氛，我很喜歡這種感覺」的廚房。每天都在這為家人做飯或研究、試作新菜色，每逢週末，負責煮飯的先生也會出現在這裡。
2：玻璃容器放在玻璃櫥櫃中。房間裡放了最喜歡的古董用具，整體以柔和的木色統一。
3：自製水果酒散發美麗的色澤。

漁港買魚，或是前往養雞場買新鮮雞蛋，全家一起出門採購食材回家料理是很快樂的事。對她而言，最重要的就是和家人共度的時光。

中川家儲存了許多保存食物，像是梅乾或草莓糖漿等等，種類豐富。她從懂事起就看著祖母和母親做保存食品，自然而然也學會製作。「親手做的食物既美味又放心，過程不只學到份量多寡，連站在廚房裡的姿態都可以學習。如果女兒長大開始做菜時，也會想起從前媽媽在廚房做過的菜，肯定是一件令人欣慰的事。」

Q 擅長的料理領域？
家庭料理與保存食品。雖然都是簡單易做的食物，若在食材搭配時多花點心思，就能為料理增添風味。

Q 在什麼樣的機緣下成為料理家？
包括我在內，住在附近的三個朋友，在「去參加某個一日限定的活動吧」的臨時起意下，一起製作了料理，因為這個機緣使我成為料理人，外燴組合「捏捏」也因此誕生。

Q 料理時最重視什麼？
我很重視季節感。使用當季食材的料理儘管簡單卻不乏巧思，令人吃了還想再吃，這樣的料理正是我的理想。

富田忠輔的拿手好菜

根莖蔬菜與小魚乾湯頭炊飯

【材料】2人份

	Ⓐ	Ⓑ
米…2合（360cc或300g）	水…1 3/4 杯	薄口醬油*…2½大匙
蓮藕…100g	小魚乾…4～5條	味醂…2½大匙
胡蘿蔔…⅓根	昆布…5cm見方1片	
蔥…1根		

【做法】

1. 將材料Ⓐ預先混合，放進冰箱2～3小時，用冷水浸泡小魚乾的方式作成湯頭備用。
2. 淘米後，用滿滿的水浸泡1小時。
3. 蓮藕去皮，切成6～7cm寬的扇形用清水泡過後瀝乾水分；胡蘿蔔去皮切成4～5cm寬的扇形；蔥切成1cm的小段。
4. 從①的湯頭中取出小魚乾及昆布。取出的小魚乾去頭、內臟與魚大骨後切成2～3等分；昆布切碎。
5. 倒掉②的水，瀝乾水分，放進砂鍋。加入①的小魚乾湯頭和材料Ⓑ，輕輕攪拌混合，將③和④均勻鋪在最上面，蓋上蓋子，用中火加熱。
6. 沸騰後轉小火炊煮15分鐘，熄火。燜10分鐘後，將配料與飯輕輕攪拌均勻。

※薄口醬油為了抑制顏色變深並延緩熟成時間，因此改用脫脂大豆並加入較多量的鹽，含鹽量反而較一般醬油高。
※若使用電子鍋，瀝乾浸米水後放入內鍋，一開始就加入材料Ⓑ，並迅速加入2杯小魚乾湯頭，煮熟後馬上攪拌均勻。

Favorite item

最喜歡的東西……

1 大大小小的雪平鍋

從就讀調理師專門學校時開始買的鍋，鋁製不但輕巧，熱傳導也很快，是他的愛用鍋。「在料理店當學徒時用的也是雪平鍋，直到現在只要一拿來用，還是會覺得緊張。」

2 「NIKON」的單眼相機

食譜網站上所有照片都是他自己拍的，有時也需要對外提供附有照片的食譜，這時候單眼相機就能派上用場。

no.
002

Best Recipe 中川玉的拿手好菜

春蔬湯泡飯

【材料】2 人份

| 湯頭 |

蛤蜊…200g

鯛魚下巴…一副

鹽…1 小匙

昆布…5g

水…3 杯

料理酒…1 大匙

| 蔬菜 |

（想吃多少就用多少，以下份量僅供參考）

荷蘭豆…4 條

油菜花…½盒

新鮮海帶芽（先水煮過）…80g

芹菜…¼把

鴨兒芹…¼把

鹽…適量

煎酒＊（如果沒有就用薄口醬油取代）…1½大匙

飯（使用加了大麥的雜糧飯）…約飯碗 2 碗

【做法】

1. 將蛤蜊放入四角深盤，加入 3%濃度的鹽水（不包含於材料份量中）蓋過蛤蜊七分滿處，放在陰涼處靜置 1 ～ 2 小時吐砂，之後互相摩擦蛤蜊殼，洗去表面髒污；鯛魚下巴撒鹽靜置 20 分鐘，放在篩子上整體淋遍熱水，沖掉髒污和臭味，再將水分擦拭乾淨；昆布用濕布擦掉髒污，泡水至少 30 分鐘（昆布水）。
2. 荷蘭豆去筋，在大量熱水中加入些許鹽，汆燙 1 分鐘，瀝乾水分後對半切開；油菜花也用加入少許鹽的熱水汆燙 1 分鐘，瀝乾水分備用。
3. 在鍋中放入蛤蜊、鯛魚下巴、昆布水與料理酒，以偏弱的中火加熱。在將近沸騰時取出昆布，一邊撈掉渣滓一邊續煮 10 分鐘左右，再取出鯛魚下巴。加入煎酒調味，最後放入切成一口大小方便食用的海帶芽、對半切的荷蘭豆與油菜花，一口氣煮沸。
4. 在湯盤裡盛飯，舀入 3，放上切碎的芹菜與鴨兒芹裝飾。

※ 日本傳統調味料，在日本酒中加入梅乾熬煮而成。

Favorite item

最喜歡的東西……

1 「LIFE」的食譜筆記

有從日常生活料理中誕生的食譜筆記，也有看料理書或向母親學習時所做的筆記。一年大概能寫滿一本。

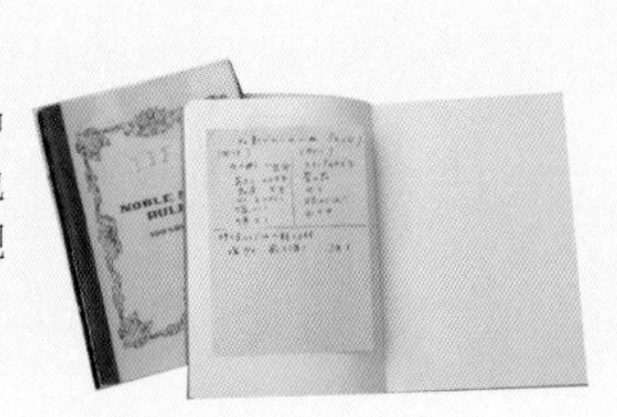

2 不同季節做的保存食品

梅乾、果醬、味噌、泡菜、蕃茄醬……不同季節有各種不同的手工食品，自行研究出喜歡的口味，或者嘗試多種組合都很有趣。

除了透過料理，更希望從各方面傳遞飲食文化。

用當季蔬果做成的溫和料理、刻畫家族歷史的廚房用具，松竹智子生活中充滿細心與週到。

no.003

松竹智子

「深草」負責人

Matsutake Tomoko

位於福岡縣、以「傳遞飲食文化」為概念的餐廳「深草」負責人。除了從事食譜提案與食物造型設計之外，也在獨棟自宅內開辦料理教室，舉行料理相關活動。著作《花語及花食譜（はなコトバはなレシピ）》熱賣中。

福岡是個能確實感受四季更迭的地方，「深草」餐廳負責人松竹智子，在這裡散播著料理的美味與樂趣。若要用一句話介紹她，「傳遞飲食文化的人」這個說法再恰當不過。「對於料理，我不只是做菜，自己也喜歡吃。此外，餐具、廚具和餐桌的佈置對我來說都很重要，因為這一切息息相關，所以我更希望可以透過各種角度傳遞飲食的美好。」

與攝影家丈夫及七歲的兒子過著三人生活。懷孕是一個轉捩點，讓她開始重新檢視自己飲食是否符合「不傷身、對身體溫和」的原則，進而開始了以攝取蔬菜為中心的飲食生活。如此一來，就連身上穿的衣服、平常的日用品，都改成天然又有味道的東西。

「『生活』由密不可分的衣食住行構成，一旦改變飲食，全體都會

1：細心保養的廚具整整齊齊排放在廚房裡，每一樣都是現在已經買不到的珍貴物品。
2：萬用手冊用來記下靈光乍現的點子、食譜與活動企劃內容等等，想到什麼立刻記入手冊保存。
3：角落放著心愛的餐具，毫不做作地擺上卡片裝飾，再配上不同季節的花花草草。

跟著改變。過去愛吃垃圾食物、愛穿名牌衣物，現在卻盡可能希望自己吃的和用的都是不刺激身體的手工品。」只要一想到這些東西的製作過程，自然就不會浪費，更懂得珍惜使用。比方，習慣將吃剩的蔬菜曬成蔬菜乾，廚具也都有十年以上的歷史，一直用到不能再用為止。

松竹家自然而然地聚集了許多蘊含深厚情感的物品，散發一股沉穩舒適的氣氛，成為令人忍不住想造訪的場所。「因為想好好珍惜人與人之間的關係，因此我也經常參加宴會和活動。總覺得在那裡會遇見什麼有趣的新鮮事，讓人興奮期待。」

Q 擅長的料理領域？
使用當季蔬菜做出簡單、味道層次豐富的家庭料理及保存食品。不仰賴調味料，注重食材本身美味、對身體溫和的料理。

Q 在什麼樣的機緣下成為料理家？
原本就很喜歡吃、自己動手做，也喜歡各種廚具。希望能從各種角度詮釋飲食文化與生活風格，就這樣走上這條路。

Q 料理時最重視什麼？
引出食材本身風味，並讓大家認識這樣的美味。此外，包括餐具、廚具與裝飾擺盤在內，想透過這些讓大家了解飲食的重要。

no.004

料理研究家
加納由美子
Kano Yumiko

蔬菜料理、素菜料理、蔬食料理研究家，除了是一間烹飪教室負責人外，也經常在雜誌、廣告等媒體介紹許多獨創的蔬菜食譜。著有《菜菜飯（菜菜ごはん）》系列作品，至今出版過的蔬菜料理著作已累積超過三十本。

認真面對食材，
用開心喜悅的心情調理食物。

以蔬菜料理為中心，出版過很多食譜書的加納由美子，
二十幾年來每天都為家人製作便當，
訪談中透露她既柔韌又耀眼的力量來源。

1：來自鳥取四代相傳的專業農家，剛採收的新鮮蔬菜。「在寒暖溫差大的嚴苛環境下，生長出來的蔬菜真的特別好吃。」
2：為了確實引出蔬菜原有鮮美，直接蒸煮或炒過再煮都是好方法。Staub 的雙把手鑄鐵鍋正是適合這樣烹調方式的鍋具，擁有各種不同尺寸。
3：為家人所做的有魚有肉便當，還有相同菜色卻用蔬菜和植物性食材取代主菜的自己的便當。雖然內容物不一樣，但保證都是「放涼也很好吃」的菜色。

目前一邊照顧就讀大學的兩個兒子，一邊經營素食料理店，同時還是一間烹飪教室的負責人，更有數十本蔬菜料理食譜書付梓出版，精力充沛地活躍於料理界，充滿魅力與存在感的加納由美子。總是面帶微笑、說話聲音嘹亮又有女人味，透露出內心的堅毅，這樣的她在日常中有什麼生活訣竅嗎？

「使用當季蔬菜，每天攝取均衡營養，只吃八分飽。另外，為了接收太陽能量，我會使用日曬過的蔬菜和水，也會在太陽下進行一套呼吸法，睡前用精油放鬆身心。最重要的是，不受先入為主的觀念和不必要的知識影響，順從直覺，不斷傾聽身體的聲音。」二十年來持續為家人做便當，撰寫蔬菜料理食譜時，也都保持如此柔軟的姿態。

「即使忙碌也要轉換心情，讓自己愉悅地面對食材，我相信這麼一來，料理就會瞬間變得更好吃，也才能成為身體的一部分。」

Q 擅長的料理領域？
不使用動物性蛋白質與乳製品的純蔬食或素菜料理，只要能令人深感蔬菜美味的料理，都很擅長。

Q 在什麼樣的機緣下成為料理家？
以前經營精進懷石料理餐廳（編按：日文中的「精進料理」即為素食）時，在店裡開辦的烹飪教室大受好評，因此還出了蔬菜料理食譜書，因為這個機緣走上料理研究的路。

Q 料理時最重視什麼？
能讓吃的人當下很滿足，同時也重視五感與直覺感受，活用食材本身原味做出單純質樸的料理。

Best Recipe 松竹智子的拿手好菜

豆子與豆腐的爽口咖哩

【材料】2 人份

木棉豆腐…½塊
蘋果…½顆
乾黃豆…½杯
乾香菇（切碎）…2 朵
洋蔥、青椒（切碎）…各½顆
胡蘿蔔（切碎）…⅓根
沙拉油…少許
泡發乾香菇的水…½杯

Ⓐ
咖哩粉…1 大匙
醬油…1½大匙
伍斯特醬、蕃茄醬…各½大匙
鹽、胡椒…各少許

【做法】

1. 木棉豆腐擠去多餘水分，用手剝開；蘋果削皮後切成約 2cm 寬的半圓形，用 140℃烤箱烤約 1 小時，製成蘋果乾。乾黃豆泡水一個晚上恢復柔軟；乾香菇用水泡發。
2. 在平底鍋內放油，加入洋蔥與胡蘿蔔、撒上少許鹽（不包含於材料份量中），接著放入青椒拌炒。木棉豆腐一邊捏碎一邊加入鍋中，再放入香菇、蘋果乾和泡軟的黃豆一起拌炒。
3. 倒入泡發乾香菇的水，再加入材料Ⓐ，煮到只剩少量水分即可。

Favorite item

最喜歡的東西……

1. 精油蠟燭的香氛撫慰身心

在客廳點精油蠟燭能讓我好好放鬆，洗澡時就在浴缸裡滴幾滴精油，睡覺時也會在枕頭上噴幾下香氛噴霧，讓自己有個香甜好眠。

2. 「Kalita」的手動磨豆機

每天煮咖啡時不可少的「Kalita」手動磨豆機，是在二手廚具店買到的，已經使用超過十年，一轉動把手就能知道豆子的狀態，一定要在準備喝之前才開始磨。

no.
004

Best Recipe 加納由美子的拿手好菜

熬煮甜辣洋蔥大麥

【材料】2～3人份

洋蔥（切成半圓形）…1顆（約200g）
生薑（切細條）…½片
香菇（切薄片）…3朵
大麥（洗淨瀝乾）…¼杯
紅辣椒（去籽切丁）…少許
麻油…1大匙
水…1½杯
醬油…1½大匙（可斟酌增減）
味醂…多於1大匙

【做法】

1. 在可加蓋、略有厚度的平底鍋內倒入麻油加熱，加入洋蔥與生薑以中火仔細拌炒，直到顏色變深。加入香菇、大麥與紅辣椒繼續炒。
2. 在鍋中加入1½杯水，蓋上蓋子煮到大麥變軟，再加入醬油與味醂，用中火持續熬煮到水分收乾為止。放涼使其入味。

Favorite item

最喜歡的東西……

1 「柴田慶信商店」的白木便當盒

折彎薄木板製成的便當盒，能適度保持食材水分，維持米飯與配菜的溼潤度。天然秋田杉具有殺菌效果，食物不容易腐壞也是我很中意的一點。

no.005

食物搭配專家
中山智惠
Nakayama Chie

料理時的喜悅感與好奇心，至今還是源源不絕。

以豐富的感受性交織出自家料理的中山智惠，
背後的動力來自於「想更了解這個世界」的好奇心，
日常生活也隨時以一顆新鮮靈活的心面對新事物。

北海道人，累積在餐廳的豐富工作經驗後，一腳跨進料理人世界。在電視、雜誌或廣告上製作料理，也為活動製作便當，活躍於各領域，以貼近日常的溫暖料理最受好評，著作有《定食便當（定食弁当）》。

「前陣子開始學西班牙文，真的好有趣！」中山智惠眼中閃著光芒這麼說。以食物搭配專家的身分活躍於各種場合的她，至今仍有很多「想知道的和想學習的事」，總是對事物充滿興趣，享受發現時獲得驚喜的樂趣。

除了料理之外，好奇心還遍及其他不同領域，假日總是用來鑑賞藝術畫作或欣賞電影，也愛閱讀、聽音樂，做些和平常工作完全不一樣的事。對於就讀音樂大學、主修鋼琴與聲樂的她來說，音樂是生活中不可或缺的存在。「音樂和料理很相似，兩者都重

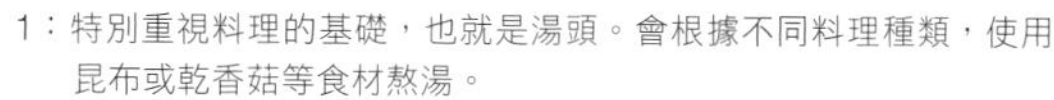

1：特別重視料理的基礎，也就是湯頭。會根據不同料理種類，使用昆布或乾香菇等食材熬湯。
2：房間裡總有不同季節的花朵裝飾。
3：取名為「Holy Corner」的角落，放滿珍愛的事物。
4：冰箱門上貼著收到的信，以及「用來勉勵自己的東西」。
5：散發復古氛圍，非常喜愛的廚房空間。
6：插畫家山本祐布子用布料與鈕釦做的作品，視為廚房之神珍藏著。

視節奏與時機的掌握，用各種細節構築起整體共鳴的地方也很像。」

即使乍看之下與料理毫不相關的事物，在深入理解後都有相通的道理，也都能成為自己的精神食糧，如此豐富的感受性，自然而然表現在她的料理上，許多人正是受到中山小姐獨特的魅力吸引。

「我希望料理是一件愉快的事，當然，也難免會有累得什麼都不想做的日子，但是料理時充滿創作的喜悅、享用的喜悅等各種開心要素，真的是件非常快樂的事，我也很希望做出的料理能帶給人這樣的感覺。」

Q 擅長的料理領域？
因為曾在定食店工作，所以我的料理也是以味噌湯、有飯有菜，令人安心的家常飯菜為基礎。

Q 在什麼樣的機緣下成為料理家？
在同為料理人朋友家中舉行的餐會上，被也是食物搭配師的前輩邀約，可說是人與人的相遇促成這樣的機緣。

Q 料理時最重視什麼？
內心想著吃的人和食材，另外也很重視烹飪的基本功，只要基本功扎實，廚藝就能更自由發揮。

no.006

料理研究家
久保香菜子
Kubo Kanako

高中時代曾在京都老牌料亭「但熊北店（たん熊北店）」學過懷石料理，
目前除了料理創作外，也經手食物造型設計、參與餐廳菜單開發，
活躍於與飲食相關的多樣領域，預定出版著作為《用蔬菜做的小菜（野菜の小鉢）》。

對任何事都保持好奇，
盡情享受每一天，
這也是能應用在料理上的小祕訣。

滋味豐富、不失正統性、不限類型，
久保香菜子的料理具有這樣的特徵，
從她端出的料理就能看出她的風格。

「我出生成長的家裡，廚房總是飄出熬煮湯頭的香氣。」久保香菜子如此回憶著。從小學五年級到三十一歲總共在京都住了二十年，這段期間擅長料理的母親總會定期送她去學做菜，高中時還進入老牌料亭「但熊北店（たん熊北店）」學習宴會料理，徜徉於正統的日式料理世界。直到今天，久保家的煎蛋捲還是按照老牌料亭的方法製作。即使現在已經以料理研究家的身分累積多年資歷，她的廚藝基礎仍建立在依照四季更迭，而有所不同的傳統料理上，這些都是她在京都經歷過的豐富飲食生活。

現在的她在自家陽光充足的明亮廚房，開辦會員制烹飪教室，吸引許多學生慕名而來。久保香菜子說：「我每年都親手種植百里香、鼠尾草、薄荷等料理香草，生命力卻都輸給周遭其他植物，到最後留下來的只剩花椒或迷迭香。」和愛犬大麥町「伊芙」在香草庭院裡共度的時光，最能讓她放鬆身心。

即使每天忙碌，只要一看到國內外出現嶄新或有趣的食材，就會馬上被勾起好奇心，嘗試要成為新料理的創意靈感，除了擁有扎實的基本功外，她依舊抱持期待新鮮事物的愉悅心情，輕鬆愜意過生活，這也是為什麼做的是平凡料理，吃的人仍能從中品嚐到新鮮滋味的原因吧！

Q 擅長的料理領域？
最常獲得客人稱讚的是日式料理、帶一點西式風味的下酒菜，以及甜點。

Q 在什麼樣的機緣下成為料理家？
大學畢業後我進入辻調理師專門學校就讀，長期以來都在鑽研料理，不過真要說的話，應該是出了第一本料理書籍之後吧！

Q 料理時最重視什麼？
會分清楚「最重要」、「必須按部就班」，和「偷懶一點點也沒關係」的步驟，隨時告訴自己絕對不能搞錯。

1：廚房裡的磁磚是用義大利大理石訂做的，嵌有內凹式櫥物櫃。
2：細心過濾的湯頭香氣就是不一樣。除了煲湯和只有蔬菜的燉菜外，最常將第一次過濾與第二次過濾的湯頭融合使用。
3：久保家的餐點以蔬菜為中心，餐桌上擺滿浸漬菜、燉菜、鹽漬或醋漬食品。

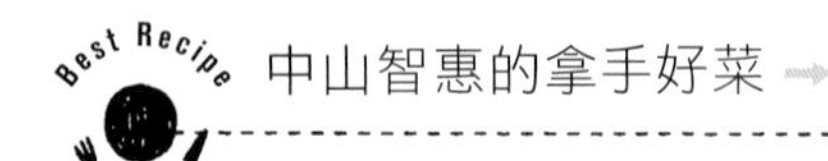

中山智惠的拿手好菜

湯浸春蔬

【材料】2 人份

蘆筍…7 支	Ⓐ
荷蘭豆…8 條	湯頭…1 1/4 杯
鹽…適量	酒…2 小匙
	薄口醬油…1 小匙
	鹽… 1/3 小匙

【做法】

1. 蘆筍根部稍微切除，用削皮刀削去靠近根部的硬皮；荷蘭豆去筋。處理好的蘆筍與荷蘭豆浸泡冷水，使口感變得清脆。
2. 在小鍋中放入材料 Ⓐ，加熱至沸騰後熄火，倒入方形深盤中備用。
3. 將 1 的蘆筍與荷蘭豆瀝乾水分，放入加鹽的滾水中汆燙 1 分半鐘，取出後浸入 2，稍微放涼。
4. 蘆筍根部切下約 5cm，再分切成 1cm 小段，將所有蘆筍與荷蘭豆盛入容器，浸入湯汁。

※ 將蔬菜浸入湯汁後，可讓深盤底部接觸冰水，達到快速冷卻的作用，促進蔬菜入味。或是稍微放涼後進冰箱冰一下，如此一來蔬菜表面將更有光澤，蔬菜本身的鮮味也會釋放到湯汁裡。

Favorite item

最喜歡的東西……

1 敬愛的作家著作

閱讀對我而言很重要，吉本芭娜娜的《廚房》、志村福美的《一色一生》等等，喜歡的書我會反覆閱讀。

2 正在練習的吉他

聽聽ＣＤ、練習彈吉他……我的生活中隨時有音樂，無論古典樂或搖滾樂，各種類型我都很喜歡。

no.
006

Best Recipe 久保香菜子的拿手好菜

馬鈴薯燉肉

【材料】2 人份

馬鈴薯（選用品種為「印加的覺醒（インカのめざめ）」）…350g
胡蘿蔔…1 根
洋蔥…1 顆
條狀蒟蒻…½包（約 100g）
碗豆莢…4 ～ 5 片
牛碎肉…200g
太白麻油…1 小匙
高湯…2½杯
料理酒…3 大匙
味醂…3 大匙
薄口醬油…1½大匙
鹽…適量

【做法】

1. 馬鈴薯削皮、切塊；胡蘿蔔切成比馬鈴薯小塊的不規則狀；洋蔥切成六等分的半圓形；條狀蒟蒻汆燙後瀝乾，切成方便食用的長度；豌豆莢去筋，用鹽水汆燙瀝乾，切成細條狀。
2. 倒油熱鍋，放入馬鈴薯與胡蘿蔔拌炒，待馬鈴薯邊緣呈現透明狀時加入洋蔥繼續炒。接著放入蒟蒻條和高湯，高湯不要完全蓋過食材，此時再加入牛肉油脂較多的部分，蓋上內鍋蓋以中火加熱，煮沸後撈掉渣滓。
3. 煮到沸騰冒泡後調整火候，視情況再煮約 10 分鐘。等馬鈴薯熟透，加入料理酒與味醂，再煮 5 分鐘。接著加入薄口醬油再煮 10 分鐘，將剩下的牛肉放入。
4. 一邊舀起醬汁淋在食材上一邊燉煮，直到底部剩下少許醬汁便可盛盤，再擺上豌豆莢裝飾。

Favorite item

最喜歡的東西……

1 漆碗

凹凸起伏的波形紋路，拿在手上就像成為手的一部分般契合，拿取容易，是我很中意的碗。總共擁有六只，在招待客人時經常大顯身手。

喜歡料理也喜歡園藝，覺得一雙手老是停不下來。

親手種菜、善用當令食材，
都是小寺美彌的堅持。
從這些地方，
就看得出她堅持使用天然原料的心意。

no.007

食物搭配專家
小寺美彌
Kotera Miya

是食材搭配專家也是料理家，製作料理也從事食物造型設計，以全方位的身分活躍於料理界，特別擅長運用香料與香草，「創造香氣」的料理更是大受好評，著有《瓶裝食品的魔法（魔法のびん詰め）》等書。

1：在陽台享受栽培樂趣的家庭菜園。因為日照太充足，有些品種反而種不好，但是這幾年下來，順利成長的植物形成蔭影，讓可以栽種的品種又增加了不少。

2：盡可能用現有的食材來構思食譜。她認為每天的料理應該在不勉強的狀況下做出來，才是理想狀態。

3：看上寬敞陽台和開闊景觀而入住這間自宅兼工作室，許多魔法般的玻璃瓶裝保存食品都在這裡的廚房誕生，有可以拿來配飯用的蔬菜類保存食品，也有調味時很好用的高湯，種類豐富。

稱自己的天職是「為每個季節製作加工保存食品」的小寺美彌家，擺滿色彩繽紛的玻璃瓶罐，油漬蔬菜、酸黃瓜等，琳瑯滿目地放了滿屋。

「總之就是喜歡『親手做東西』，只要一有時間，就會把食材往瓶子裡裝，加工保存，有時也烤烤麵包、縫製餐巾，手總是停不下來。就連假日也會想著『選日不如撞日，就今天開始做吧』，不知不覺又動手做起各種東西，完全忘記該休息。因為也喜歡園藝，便在陽台栽種了許多料理用的蔬菜和香草。」

一到夏天便綠意盎然，宛如叢林的陽台，在春天則是一片新綠抽長，秋天也會展現美麗的紅葉。有時會一口氣採收許多蔬菜，為了留下當季的美味，她開始養成用玻璃瓶製作保存食材的習慣。

「愈是累得不想做菜時，愈會想吃家常菜，多少都有這種經驗吧？這種時候如果家裡有常備菜就很好用。比起吃山珍海味，和家人慢慢吃頓飯，對我而言更幸福。在工作上也不想追求過度講究的食物，而是希望做出屬於日常生活的簡單美味。」

Q 擅長的料理領域？

擅長運用香草與香辛料，做出凸顯香氣的料理，也擅長用當季食材加工或做成保存食品。

Q 在什麼樣的機緣下成為料理家？

一開始是為從事攝影工作的先生製作攝影用的料理，後來成為餐桌食物搭配師的助理，最後終於獨當一面。

Q 料理時最重視什麼？

除了使用當季食材外，我會把蔬果削下的皮做成醃漬品、魚內臟用來熬高湯，希望端上餐桌的是完整運用食材、沒有一絲浪費的菜餚。

no.008

生活家

塩山奈央

Shioyama Nao

是位透過食物與裁縫，提倡舒適生活的「生活家」，她的理念正於生活情報誌《chilchinbito（チルチンびと）》連載中。著有《開始做發酵食品吧（発酵食をはじめよう）》、新書《四季飯菜，勤快動手做。（四季ごはんを、まめまめしく。）》等。

珍惜忙碌的日子，每天都多一點點細心。

從各方面感受人生豐富的多樣性，
這樣的塩山奈央，連生活細節都充滿哲學氣息。

一邊照顧一歲七個月大的女兒，一邊從事生活類提案工作的塩山奈央，每天過著兼顧工作與家庭的忙碌生活。每日默默支援她的廚房，擺滿各式廚具、調味料、乾燥食品和保存食品等等，塞滿小小空間，但在整齊擺放下，反倒形成一個安心感的舒適空間，即使有大量物品仍不覺雜亂，都得歸功於追求使用順手的原則：「所有東西都在該在的位置上。」請先生幫忙做的工作台和收納櫃擺放的位置也具備機能性，在這樣的廚房裡，就算只是烹調家常菜，心情也會很好。

即使過著時間永遠不夠用的生活，她仍舊堅持「不能讓廚房空氣停止流動」，像是瓦斯爐架與水槽經常清洗得很乾淨，保持沒有一絲髒污黏膩的狀態，流理台周圍也隨時擦拭、保持乾淨，無論何時都能用清爽愉悅的心情面對料理。除了必備的醃梅乾與味噌等保存期限較長的食品外，也會事先做好可運用在各種菜色上的豆類料理與常備菜，放進冰箱備用，這是調理三餐節省時間的訣竅。

「生活就等於在過日子，所以當然要盡可能過著愉快且心靈豐富的每一天。」在她細心又面面俱到的日常生活中，每個片段都可看見這種心思的體現。

擅長的料理領域？
各種豆子料理，也經常做使用鹽麴、鹽漬鯷魚、起司等發酵食品的西式料理。

在什麼樣的機緣下成為料理家？
我原本就是個老饕，在日常生活中追求自己認為美味的食物，不知不覺就成了料理人。

料理時最重視什麼？
多半視做菜時的當下心情，不會固定。不過，無論何時都很用心努力地做料理。

1：豆類等乾燥食物以玻璃容器收納，整齊劃一地放在廚房架子上，除了方便取用也很美觀。
2：喜歡野草的她，用已經打破、不能使用的陶器，完成獨特的植物空間。
3：附有木蓋的乳白陶器是陶藝家市川孝先生的作品，看到時一見鍾情，心想：「好想用來醃梅乾！」而買下。

蔬菜抹醬

【材料】方便一次做好的份量

芹菜…1 支（130g）
洋蔥…½顆（150g）
胡蘿蔔…⅔根（100g）
南瓜…⅛顆（200g）
葡萄乾…2 大匙
鷹嘴豆（水煮罐頭）…150g
白葡萄酒…1 杯
橄欖油…2 大匙

Ⓐ
鹽…½小匙
醋…1 大匙
孜然粉…1 小匙

【做法】

1. 將芹菜、洋蔥、胡蘿蔔、南瓜全部切成薄片。
2. 在有厚度的鍋中放入橄欖油，以中火加熱拌炒芹菜與洋蔥，炒到顏色變深後，加入胡蘿蔔、南瓜、葡萄乾、鷹嘴豆，再加入白葡萄酒與材料Ⓐ，煮到沸騰後，蓋上蓋子轉小火熬煮。
3. 待南瓜與胡蘿蔔變軟，打開蓋子，讓水分蒸發。
4. 稍微放涼，用食物處理機打成泥狀，用一點鹽（不包含於材料份量中）調味。

Favorite item

最喜歡的東西……

1

有拉扣密封蓋的玻璃瓶
（高度 10cm）

氣味和液體絕對不會外漏，方便搬運與保存，是可以放心使用的密封罐，只要適時更換鬆掉的墊圈，幾乎可以用一輩子不壞。

2

「WECK」的附蓋玻璃瓶
（高度 7cm）

在裝配菜的保存容器中，我最愛用的就是這種，約 2 ～ 3 天可吃完的容量，也可以疊放在冰箱拿取容易，是我很依賴的一款瓶子。

no.
008

塩山奈央的拿手好菜

生薑醬煮牛肉與竹葉牛蒡*

【材料】4～6人份

牛碎肉…300g
牛蒡…1條（約200g）
生薑…10g（約拇指大）
沙拉油…適量

Ⓐ
料理酒…1/4杯
味醂…1/4杯
醬油…3大匙
砂糖…1 1/2大匙
水…1/2杯

【做法】

1. 牛肉切成方便食用的大小；牛蒡洗淨後削成竹葉狀薄片，泡水撈去浮渣後瀝乾；生薑切細絲或切碎。
2. 鍋中加入沙拉油與生薑以中火爆香，飄出香氣即可加入牛蒡。待牛蒡呈現透明狀再加入牛肉拌炒。
3. 加入材料Ⓐ混合攪拌均勻，加熱直到水分收乾就完成了。

※「竹葉牛蒡」意指削成竹葉形狀的牛蒡薄片。

Favorite item

最喜歡的東西……

1 漆碗

愛用多年的漆碗，隨時間散發出美麗光澤。容量夠大，裝得下有許多配料的湯，是個很實用的碗。

no.009

料理專家
柚木聰美
Yugi Satomi

2012年利用自行改建的平房開設「聰美廚房工作室」。
近作有《身體會喜歡！菌活食譜（からだがよろこぶ！菌活レシピ）》。
www.satokitchen.com

自從開始重視生活，就變得喜歡料理了。

柚木聰美一直與料理關係密切，成為料理專家是 20 歲後半的事。
當她開始可以從容面對之後，生活方式也跟著改變了。

1：為手邊現有的餐具量身打造餐具櫃。按照形狀與材質分門別類收納，整齊又美觀。

2：因為經常有客人上門，所以客廳空間隨時保持舒適清爽，桌椅都是來自朋友的品牌「gleam」。

3：用「Best Foods」的美乃滋空瓶裝香料，香草與香辛料也按照種類擺放，賞心悅目。

出乎意外地，柚木聰美對料理感到興趣竟是二十八歲時的事情。當時的她辭去工作，想要「重新思考生活方式」，開始覺得料理很有趣，所以下了工夫投入其中。

在那之前，儘管切入的角度不同，但一直都過著與料理密不可分的生活。最初在咖啡廳當服務生待客，後來當上了四家分店的店長。獨立創業後，出於對空間打造的興趣，在二十五歲到三十歲間搖身一變成為咖啡店的老闆，她就是從這個時期開始下廚做菜，享受料理的樂趣。因為經常自己動手做菜招待朋友們到家中作客，自然而然開始了研發咖啡廳食譜的工作，之後又成為大型烹飪教室的講師，慢慢踏上料理專家這條路。

現在的她每個月都會開辦烹飪教室，也以此為前提整修了住宅。不但自己畫設計圖，還召集從事建築與設計相關工作的朋友，一起從地板到天花板翻修整個室內，連廚房都經過一番大改造。「我真的很幸運，身邊擁有一群好朋友，總是對我伸出援手。」她一邊說著，一邊露出溫柔的笑容。那積極向前、全力以赴的態度，一定就是將好朋友聚集到自己身邊的主要原因。端上桌的料理，也總令人聯想到她溫柔開朗的一面。

Q 擅長的料理領域？

不分日式、西式或多國籍料理，我喜歡自創料理。不管做什麼，都喜歡用自己的方式改編，最常做的是適合下酒的料理或使用蔬菜的料理。

Q 在什麼樣的機緣下成為料理家？

我一直從事與飲食及飲食空間相關的工作，從待客到擺設都很感興趣，後來漸漸轉移到料理本身。

Q 料理時最重視什麼？

沒有所謂招牌菜，而是徹底活用每種食材。調理方式有時候也會因為現有的食材水分含量不同，而有很大的改變，所以我很重視五官感受。

從料理中深深體會到，人的身體是由吃進去的食物所組成。

「懷孕、生子讓生活產生巨大變化，也變得更喜歡料理了。」鈴木惠美這麼說。日常生活中感受到的溫暖，孕育出強而有力的料理。

no. 010

料理專家
鈴木惠美
Suzuki Emi

出身宮城縣農家，歷經餐廳與咖啡廳的工作後，以料理家的身分獨立創業，目前是烹飪教室「飯之會（ごはんの会）」負責人。開朗的性格，加上擅長發揮食材原味的細緻料理為她贏得高人氣。著作有《跟著鈴木惠美小姐享用蔬菜（スズキエミさんのいただく野菜）》等。

1：整顆馬鈴薯慢慢熬煮，像這樣多花一點工夫引出食材原味，就能做出簡單卻蘊含扎實滋味的料理。
2：過著晨型人的生活節奏，每天早上五點起床撰寫食譜或處理公事，打掃和洗衣服也都在中午前就完成，然後在家人快起床之前開始準備早餐。
3：瑣碎的食材就收在籃子裡，只要用布蓋起來，外觀就清爽多了。
4：平日常用的餐具統一放在靠近廚房的架上，想用時馬上就能拿出來。

鈴木惠美和先生及兩歲的兒子過著三人生活，除了要準備全家的三餐外，每天還得忙著試作新菜色和攝影，一個月有好幾天在自家開辦烹飪教室。忙碌的生活中，最能讓她心頭漾起一陣暖意的，怎麼說還是看到掛在家人臉上的笑容。「只要他們稱讚好吃，疲累馬上就被趕跑了。」她露出開朗的笑容說。

即使是每天做的菜，也不過度依賴調味料，非常重視食材本身的原味，巧妙使用砂鍋或蒸籠，花工夫引出食物的鮮美甘甜，作法雖然簡單，卻經常使人吃了之後驚訝於蔬菜的美味。她說這樣的料理在她開始做離乳食品之後，發展出更多模式。

「離乳食品不能使用調味料，口味非常單純，為了引出蔬菜的鮮甜，嘗試過許多方法，也經歷許多錯誤。所以現在已經可以拋棄既有成見，從蔬菜身上發現許多過去不曾發現的魅力。」

自從經歷懷孕生子後，比從前更能深刻體會「人的身體是由吃進去的食物所組成」這句話的意義。她內心懷著對料理更深厚的感情，無論烹飪或飲食，都用真摯的態度面對食物。

Q 擅長的料理領域？
家庭料理。不需要特別的技巧或食材，只要知道一點訣竅，任誰都能做出的美味料理，創作這樣的菜色也是我的目標。

Q 在什麼樣的機緣下成為料理家？
從以前就很喜歡料理，一直想擁有自己的店。最先是從外燴做起，慢慢累積人脈，然後就發展成現在這樣。

Q 料理時最重視什麼？
製作能發揮食材原味的料理，直接享用食材本身具有的力量，做出單純有力的食物對我而言是件幸福的事。

柚木聰美的拿手好菜

茶碗蒸

【材料】4 人份

雞蛋（中型）…3 顆
雞肉…50g
（醃料：酒…1 小匙、鹽…⅛小匙）
鴻喜菇…¼株
（醃料：醬油…½小匙）

蝦子…4 隻
（醃料：酒…1 小匙）
銀杏（水煮）…8 粒
鴨兒芹…4 支

Ⓐ
高湯…2 杯
鹽…¼小匙
醬油…1 小匙
味醂…1 小匙

【做法】

事前準備：

- 煮沸大量開水，準備蒸籠備用。
- 將雞肉切成小塊，淋上酒與鹽，醃起備用。
- 鴻喜菇剝散，淋上醬油備用。
- 蝦子去除蝦腸、淋上酒，用蒸籠蒸熟後去殼。
- 以熱水汆燙銀杏。
- 以鹽水快速淋過鴨兒芹後瀝乾，編成髮辮狀。

1. 製作蛋汁：將蛋打入大碗攪散，再將攪散的蛋液倒入放了材料 Ⓐ 的大碗中，攪拌均勻後，用茶篩過濾蛋汁，使其呈柔滑狀。在茶碗蒸的容器裡放入雞肉、鴻喜菇與銀杏，緩緩注入蛋汁。
2. 放入已開始冒蒸氣的蒸籠。一開始用大火蒸 1 ～ 2 分鐘，等表面呈現白色後，再轉小火蒸 10 ～ 15 分鐘左右。
3. 把竹籤戳入蛋中，若竹籤能順利豎直站立就完成了，表面再放上蝦子與鴨兒芹。

Favorite item

最喜歡的東西……

1 營造空間氛圍不可或缺的房間照明

特別講究用餐時的燈光氣氛，也喜歡播放舒服的音樂，打造一個能安心用餐的空間。

2 家中的花與綠色植物

只要待在綠色植物旁就覺得安心的她，目前正在上花藝教室，雖然不是正式花道，但聽說很有趣。

no.
010

Best Recipe 鈴木惠美的拿手好菜

馬鈴薯雞肉湯

【材料】2人份
雞腿肉…1整片
馬鈴薯…4顆
鹽…⅔小匙
料理酒…1大匙
昆布…5cm見方
水…約600～700cc

【做法】
1. 雞腿肉徹底洗淨瀝乾，去筋後在雞皮上用菜刀劃幾道開口。
2. 馬鈴薯削皮泡水，撈掉浮渣。
3. 在厚鍋子裡放入處理好的雞腿肉跟馬鈴薯，再加入鹽、料理酒、昆布，並倒入600～700cc的水（大約蓋過雞肉和馬鈴薯的程度），開中火加熱。沸騰後撈掉渣滓，轉極小火煮20分鐘。

Favorite item

最喜歡的東西……

1 在「KOHORO」買的木桶

「希望每天至少一餐吃糙米」的鈴木家，會將事先用壓力鍋炊好的糙米飯放進木桶中，這樣飯會變得更好吃。

2 「Stanley」的保溫水壺

每天早上的習慣是一起來就先泡好很多茶，倒進水壺，就算忙碌一整天，手邊仍隨時有溫熱的茶可喝，讓人感到安心。

一邊活用食材，心中一邊惦記著吃的人，做料理需要有愛。

透過食物讓某人感到喜悅，是件很有魅力的事。無論氣質或料理都透露出一股溫暖的高橋由紀，做出的是能讓身心都歡喜的好菜。

no. 011

食物搭配專家

高橋由紀

Takahashi Yuki

不受日式、西式或中華料理等範疇限制，新型態的食譜大受歡迎。出版過《來自海洋的天然營養品「小魚乾」食譜（海の天然サプリ「煮干し」のレシピ）》、《因為我愛喝湯（汁物が好きなので）》、《用柴魚乾味噌做菜「重整腸道」（ぶし味噌レシピで「腸内リセット」）》等多部著作。

「情報誌」開始流行的那些年，高橋由紀在雜誌的耳濡目染下，產生了「想從事展示料理相關工作」的念頭。不只料理，該用什麼樣的餐具擺盤展示、如何令吃的人打從內心享受等等，這樣的工作內容對她而言極具魅力。

現在站在廚房裡的她對這份工作已十分熟練自然，做起菜來輕鬆自在，絲毫不勉強，無論是常見的家常料理或嶄新的創意料理，超乎想像的料理一盤一盤從她手中誕生。但是剛進入外燴公司工作時，面對來自客戶的各種要求卻「什麼都做不出來」。經過不斷自我挑戰與進化，當時青澀的她，如今已是一位具備獨特品味的食物搭配師，這樣的進化著實令人驚訝。聽說還從五年前開始學習中醫，那股追求自我進步的幹勁，至今依然不變。

最享受品酒小酌的時光，身邊正

1：慣用的心愛廚房，瓦斯爐旁邊放著長筷與調味料。

2：餐具櫃裡滿是平日常用的餐具和大量酒杯，從酒杯的種類可看出主人喜歡品酒的嗜好。右側是西式餐具，左側是日式餐具，分門別類收納。

3：餐桌上的菜色總是呈現多花一道工夫的美味，不裝模作樣看起來卻又繽紛熱鬧，這也是她料理的魅力之一。

好有許多喜歡品酒的同好，也常在家舉行品酒派對，眾人帶來自己喜歡的酒，由她負責做菜。即使自己也喝了酒，還是忍不住在大家酒酣耳熱之際鑽進廚房，「就算眾人阻止我做菜，說料理已經夠多了，我還是會忍不住開始做。」她是真的很享受做料理的樂趣，對她來說，做菜或許已是下意識的動作。

從小家人就吃素，當她還是孩子時，內心其實很想吃魚或肉，因為有過這樣的心情，現在她提出的多半是跨領域的各式料理，而且總是色彩繽紛、講究餐具與食器。今天獻上的也是色香味俱全，五感皆能享用的一道菜。

Q 擅長的料理領域？

出於工作性質，我盡量不去想自己擅長或不擅長什麼，總之就是不墨守成規，活用食材做出各種料理。

Q 在什麼樣的機緣下成為料理家？

在外燴公司上班時，碰巧有機會跟隨「食物搭配師」這個業界的資深前輩萩原敏子（ハギワラトシコ）老師學習，就此踏上這條路。

Q 料理時最重視什麼？

重視食材本身，做菜時心裡想著吃的人，而且要對食材及料理有愛，並保持一顆熱情款待的心。

呼朋引伴、熱熱鬧鬧圍著餐桌，是我最喜歡的事。

從未將料理視為工作的成澤正胡，認為享受料理樂趣的祕訣，就在聚集的人群與開朗的生活中。

no. **012**

料理專家

成澤正胡

Narusawa Masako

曾擔任茶道懷石料理教室助手，其後自己也成為獨當一面的料理專家，除了活躍於各大雜誌媒體外，也在自家開辦小班制烹飪教室「麗（うらら）」。近作有《每天都想吃的法式土司（まいにち食べたいフレンチトースト）》。hitotema.blog20.fc2.com

鹿兒島出生長大的她，在五姊妹裡排行老大。「我家是茶農，父母每天都很忙碌，我從懂事就開始進廚房做菜，也一直很喜歡料理。」成澤正胡如此微笑回憶。當時為妹妹們準備遠足便當的她，如今和丈夫與女兒一起住在東京都內一棟五十年歷史的日本老屋，每天早上為女兒準備便當，料理從以前到現在都和日常生活密不可分。

她最喜歡的就是呼朋引伴，熱熱鬧鬧圍著餐桌聚餐的時光。就連三人小家庭的晚餐也常端出大盤大盤的菜餚。「大家一起吃吃喝喝不是很開心嗎？」果然很像生長於大家庭的她會說的話。

每隔兩天在自家開辦一次烹飪教室，前前後後已經持續二十年了，但是她說：「從不認為料理是工作。」據說烹飪教室的菜色也未曾重複過，至今推出的食譜數量已經超越兩千種。問她接二連三想出新菜色的祕訣是什麼？她幽默地笑著回答：「把食材拿在手上，它們就會告訴我該怎麼做囉！（笑）」

「料理就是要大家一起開心做。」熱愛如此生活的成澤小姐，自然而然吸引了許多人聚集在她身邊。

Q 擅長的料理領域？

由於有茶道懷石的背景，特別擅長日本料理，但還是喜歡加入自己詮釋的獨創作法，看到別人驚訝的模樣，就會很有成就感！（笑）

Q 在什麼樣的機緣下成為料理家？

喜歡料理，從小就在廚房幫忙做家事，擔任茶宴烹飪教室助手時，對日式料理大開眼界，從此踏入這個世界。

Q 料理時最重視什麼？

我的一天就從熬煮湯頭開始。湯頭的力量可是很不得了的，所有料理的味道都從這裡展開。請叫我湯頭控！（笑）

1：二十年前以料理家身分獨立創業時陪伴至今的餐具櫃。鑲著條紋玻璃的雙開櫃門，豎立在餐具兩側，醞釀出一股氣氛，櫃中擺滿小盤與杯子。

2：餐具櫃上隨意堆放的托盤與籃子，在無意間成了最好的裝飾。從跳蚤市場與古董市集收集來的各種器具，與歷史悠久的老屋相得益彰。

3：成澤正胡親手做的「糖果袋」。學生中有位布盒工藝家，從她那裡拿到許多零碼碎布，用這些布做成糖果袋，送給每個來家裡拜訪的客人。

Best Recipe 高橋由紀的拿手好菜 →

香菜炒雞軟骨

【材料】2 人份

雞軟骨…100g
雞腿肉…200g
香菜…2 支
蒜頭…1 瓣
橄欖油…1 大匙
紅辣椒（去籽切成小丁）…1/2 條
萊姆…1/4 顆

Ⓐ
魚露…1 小匙
鹽、胡椒…各少許

【做法】

1. 雞腿肉切成一口大小；香菜根部切成細碎狀，葉與莖切細；蒜頭對切去芽，用刀背拍扁。
2. 在平底鍋中倒油，放入香菜根、蒜頭與紅辣椒，以小火加熱爆香。飄出香氣後即可加入雞腿肉和軟骨，轉中火拌炒。等肉炒熟，放入材料 Ⓐ 調味。
3. 撒上香菜葉與莖、擠上萊姆汁，稍微攪拌即可享用。

Favorite item

最喜歡的東西……

1 在北京古董市集買的中國生肖餐碗

一年都會造訪一次北京，在逛古董市集時一眼看上的餐碗。十二個碗內側各畫上中國十二生肖的代表動物。可用來盛飯或當作裝小菜的容器，用途多多。

2 在器具行「東青山」訂做的竹籃

可以層層堆疊的「BEAK」鍋具是愛用品，甚至為它們量身訂做了大小剛好的竹籃。竹籃上的網眼大小 1 公分，放入鍋中露出的籃框高度 2 公分，在在顯現出她對細節的堅持。

no.
012

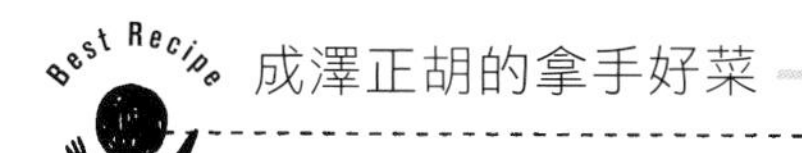

成澤正胡的拿手好菜

水芹菜、紫色洋蔥與牛肉的豪華沙拉

【材料】2 人份

水芹菜…2 把
（也可以用其他葉菜類代替）
紫色洋蔥… ½ 顆
酪梨… ½ 顆
蒜頭（切片）…1 瓣
薄切牛肉…200g
橄欖油…1 大匙
義大利陳年酒醋（Balsamic Vinegar）…2 大匙
醬油…多於 1 大匙
杏仁片…適量
（也可以用其他堅果類代替）

【做法】

1. 水芹菜切成方便食用的長度；用切斷纖維的方式將紫色洋蔥削成薄片；酪梨去皮去籽，切成 1cm 片狀。以上蔬菜先放入沙拉碗內備用。
2. 在平底鍋中倒入橄欖油與切成片的蒜頭，等蒜頭在熱油中發出香氣後，加入牛肉拌炒。牛肉炒熟變色時倒入義大利陳年酒醋與醬油，讓醬汁裹在肉片上。
3. 將炒好的牛肉放在 ① 的蔬菜上，再撒杏仁片點綴即可。

Favorite item

最喜歡的東西……

1 羅莎曼・佩琦（Rosamunde Pilcher）的小說與西洋雜誌

很喜歡英國作家羅莎曼・佩琦小說裡描寫食物的場景，也深受其影響。西洋雜誌則是靈感來源。

2 「有次」的菜刀是多年來的好幫手

二十年來宛如右手般的有次菜刀購於築地，磨過無數次的刀身早已變薄。

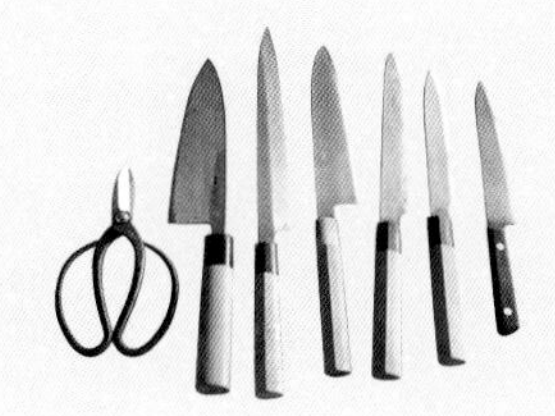

no. 013

藥膳料理家
鳥海明子
Torinoumi Akiko

國際藥膳師、調理師，一手打造在生活中實踐養生理念的「鳥巢」烹飪教室，也在雜誌與網路上，提倡用隨手可得的食材烹調藥膳的方法。近作有《提高女性力的藥膳餐（女性力を高める薬膳ごはん）》。torino-su.com

在熟悉的家常菜中，加入藥膳的概念。

鳥海明子提倡「日常藥膳」的概念，她教會我們保持身心愉悅，正是所謂養生之道。

以藥膳料理專家身分活躍於料理界的鳥海明子，最大的目標是做出能和家人共享的每日飯菜，即使是一般的家庭料理，只要在理解食材作用的前提下烹調，就稱得上是出色的藥膳料理了。

「我家的招牌料理是『馬鈴薯燉雞肉』，是一道大蒜味十足的清淡鹽味料理。雞肉與蒜

1：用在古董用品店找到的舊門板，跟木匠師父訂了一座餐具櫃，平常用來收納餐具和酒杯。
2：廚房架子上擺滿裝在玻璃瓶裡的藥膳食材，整套茶具也收納在這。春天會喝薄荷茶和菊花茶等帶有季節感的茶品。
3：最重視料理時多花一點工夫，這也會左右料理美味的程度。

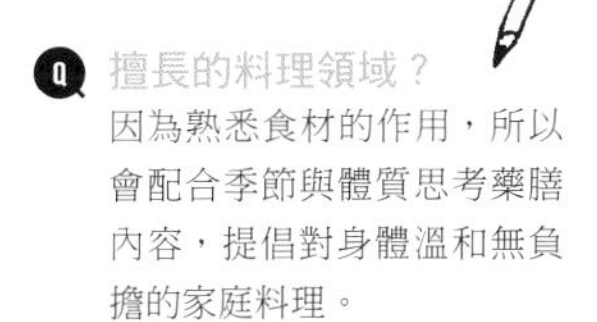

Q 擅長的料理領域？
因為熟悉食材的作用，所以會配合季節與體質思考藥膳內容，提倡對身體溫和無負擔的家庭料理。

Q 在什麼樣的機緣下成為料理家？
自從結婚有了自己的家庭後，就希望能多點時間與家人共度，同時又能持續自己喜歡的工作，因此踏上料理家之路。

Q 料理時最重視什麼？
最重視如何自然地將藥膳融入日常飲食中。我心目中最理想的料理，就是能和家人一起享用，既美味又對身心有益的菜餚。

頭都能提高體溫，馬鈴薯對腸胃蠕動很有幫助，還可加入有助血氣循環的洋蔥和有利尿作用的薏仁，很適合身體虛寒或容易水腫的人食用。」

也在自家開辦以享受養生為目的的「鳥巢」烹飪教室，除了自己傳授的藥膳料理外，也聘請講師來開課，像是手前味噌的作法、和服穿戴，或是舉辦西藏體操體驗講座等，每種課程聽起來都很有意思。

「我希望能提供一個場所，讓大家不只是學習料理，還能在此多動動身體或接觸生活上的各種有趣事物。這幾年下來，總算完成這個目標的雛型了。」

no. 014

料理專家
飛田和緒
Hida Kazuo

以料理專家身分活躍於書籍、雜誌、電視等媒體，發表過許多與生活相關的文章。著作有《飛田和緒的待客菜單（飛田和緒のおもてなし献立）》、《白飯基礎手冊（ごはん基本帳）》等，現在一家三口與愛貓生活在葉山鎮。

隨著四季變換，可以品嚐到食材在季節前、當季時與季末的不同美味。

定居神奈川縣湘南海邊的飛田和緒，
在這片風光明媚的環境中，做出充滿大自然感覺的料理。

就讀小學四年級的女兒誕生後，飛田和緒就決定搬到位於海邊的家。從高地上的家望出去，三浦半島到伊豆諸島間的景色一覽無遺，這裡的生活與都市完全不同，隨著季節變換，夕陽落入海平線時的位置也會跟著改變，寒冷且乾燥的冬日景色也顯得特別清澄，而且可向各處農家的農產直銷處直接採買食材，光是白蘿蔔就買得到八種以上，也有橘色和綠色等各色的花椰菜。

在與孩子共度的緩慢悠閒時光中，不但能敏感察覺過去不曾發現的自然變化，也發現早睡早起是很舒服的一件事。隨著孩子年年成長，慢慢可利用白天的時間回到工作崗位，也依舊維持晨型人的生活型態。每天，她會前往農產直銷處與附近的鮮魚店採購，使用只有當季吃得到的食材招待客人或製作常備菜與保存食品。

「我是因為自己愛吃，所以能夠持續這份工作，有時也會趁著去瑜伽教室上課或外出的空檔，吃些外面的美味食物，也是我持續這份工作沒有絲毫勉強的祕訣。」她還很喜歡改變髮型，說這是消除壓力的最好方法。

她的料理所表現出的魅力，就是這種不勉強、順其自然，而這正好是她面對事物時的態度。不管是海邊的生活與料理的滋味，似乎都因此愈顯豐富。

Q 擅長的料理領域？

非常普通的「家庭料理」。比方我家隨時備有容易取得的食材，用它們做成的保存食品或常備菜是生活中不可或缺的存在。

Q 在什麼樣的機緣下成為料理家？

我曾負責一個指導女性作家做菜的雜誌企劃，後來將企劃內容統整出書（合著），就此踏上這條路。

Q 料理時最重視什麼？

致力於吃對季節、享用當季美味，如此而已。還有就是做出讓家人朋友吃得開心的料理。

1：配合房間寬度訂做的餐具櫃，按照餐具形狀分門別類收納，營造統一感。
2：活用常備食材，無論顏色或調味都很均衡的豐盛菜色。
3：一提到飛田和緒的料理就令人聯想到白飯，「只要吃了飯糰，無論是誰都會立刻恢復活力吧」。
4：家中隨時儲備二到三種味噌，放在盒中用昆布區隔。「昆布最後還可放入味噌湯熬煮」。
5：筷子與刀叉隨意放在陶器內。
6：就是這片從陽台望去的海景，讓她決定搬到這裡，真是名符其實的絕景！

鳥海明子的拿手好菜

馬賽魚湯風味粥

【材料】約 5 人份

花枝…1 隻
鱈魚…2 塊
蛤蜊（已吐完沙的）…250g
大干貝…5 顆
洋蔥…½ 顆
芹菜莖…¼ 支
蕃茄罐頭…1 罐
芹菜葉…20g
白葡萄酒…¼ 杯
水…1½ 杯
有機高湯塊…4.5g
醬油…1 大匙
橄欖油…1 大匙
白飯…兩碗
鹽…少許
粗粒黑胡椒…少許
巴西里…適量

【做法】

1. 拔掉花枝腳與內臟、剝去花枝身上的皮，切成方便食用的圈狀，拔下的腳除去吸盤切成 5cm 長。
2. 鱈魚切成一口大小；蛤蜊用殼與殼相互摩擦，清洗乾淨。
3. 洋蔥切薄片，芹菜莖也斜切薄片。
4. 在鍋中倒油，加入 3 的材料後拌炒。
5. 待炒軟後，在鍋內排列蛤蜊與鱈魚，加入白葡萄酒。
6. 沸騰後，即可加入蕃茄罐頭與芹菜葉，並放入水、高湯塊及醬油，以偏弱的中火煮 5 分鐘，邊煮邊撈掉渣滓。
7. 加入花枝與干貝，再煮 3 分鐘。撈出芹菜葉，加入白飯，以鹽和黑胡椒調味。
8. 盛入餐具、撒上切碎的巴西里裝飾，即可上桌開動。

※ 有促進肝臟作用的海鮮，與解酒毒效果的蕃茄，做成這道適合喝酒後吃的飯食，也很推薦用來預防宿醉。

Favorite item

最喜歡的東西……

1 自製味噌

每年烹飪教室都會舉行「手前味噌製作會」，所以她幾乎不再購買市售的味噌，而且每天早上喝親手製作的味噌湯，就是鳥海家一天重要的活力來源！

2 武田百合子的書

其中最喜歡《言語的餐桌（ことばの食卓）》這本，由於娘家經營書店，所以從小就熱愛閱讀，睡前讀自己喜歡的書，是一天中最開心的時間。

no.
014

Best Recipe 飛田和緒的拿手好菜

通心粉沙拉

【材料】方便一次做好的分量
青椒…1 個
火腿片…4 片
螺旋通心粉…150g
洋蔥（切薄片）… 1/4 顆
壽司醋…2 大匙
美乃滋…3 大匙
鹽、胡椒…適量

【做法】

1. 青椒去蒂去籽，橫切成細條狀；火腿片先對半切，再切成細條狀。
2. 在鍋中燒水，按照包裝上的指示將通心粉煮熟。
3. 通心粉煮好撈出後，先用篩子將水分瀝乾，再趁熱與洋蔥一起放入大碗內，輕輕攪拌。放置 5 分鐘後，加入壽司醋混合。放涼後加入 1 和美乃滋，稍作攪拌，再隨個人口味以鹽與胡椒調味。

Favorite item

最喜歡的東西……

1 「野田琺瑯」的琺瑯器皿

帶點懷舊感的顏色，尺寸各不同的子母琺瑯器皿，還能直接放在瓦斯爐上加熱。「最大尺寸的那個，在年底與新年來客眾多的時候最方便好用。」

2 「iwaki」的玻璃器皿

「不容易沾染食材的味道，還能直接進微波爐，最適合用來保存常備菜。」也擁有其他不同尺寸的玻璃容器。

no. **015**

料理研究家

濱田美里

Hamada Misato

擁有國際中醫藥膳師、國際A級中醫師身分。
嚐遍世界與日本的美味，提倡融入製作者智慧的料理。
除了在東京都內開設烹飪教室外，也活躍於大眾媒體。www.misato-shokdo.com

飲食與文化息息相關，
深奧之處正是它的最大魅力。

因為興趣，濱田美里持續研究世界飲食文化與日本鄉土料理。
想傳遞給下一代的想法，就是她研究的動力。

1．2：冰箱裡用來收納食物的是四方形容器。加了醋的食物或湯湯水水的食物放在耐酸的琺瑯器皿中，其他則用塑膠器皿存放，只要貼上手寫標籤，找東西時就不必大費周章。
3：大量製作能長期保存的食物，享受隔天用來發揮創意做出新菜色的樂趣。
4：用調味料醃漬肉或魚時，一定先用廚房紙巾吸掉多餘醬汁才下鍋烤，料理時絕不忘記要注意細節。

十五歲過後就開始在世界各地旅行，一邊品嚐不同土地的料理，一邊和當地人在廚房交流。她發現一個國家人民的身心狀態、國民性格、以及生活型態，都與飲食文化息息相關，因此對飲食產生濃厚的興趣。具有中醫師資格的濱田小姐更加活用這方面的知識，持續研究食物擁有的藥性、對身體的作用，提倡以食物調整身體狀況的方法。

雖然食譜源自這樣的中醫科學，卻不艱澀難懂，對她而言，好吃才是最重要的。她也很重視活用食材原有的特性，思考讓做菜的人容易上手、不易失敗的食譜，每當聽見自己開發的食譜派上用場，或是看到來參加烹飪教室的學生透過食物與料理而有所改變時，都會慶幸自己選擇走上這條路。

自從二十五歲開始，便以接觸、鑽研日本鄉土料理為天職持續至今，藉由接觸各種不同文化背景的經驗，使她發現更多日式料理的有趣之處，更訪問過高達數百位婆婆媽媽，希望能透過烹飪教學，將至今從中學到的知識融入現代生活，並交棒給下一個世代。這樣的她，今天也穿著宛如註冊商標的白色日式圍裙，將飲食文化的深奧傳授給人們。

Q 擅長的料理領域？
不限日式料理或家庭料理，擅長以鄉土料理、保存食品、手工麵包、藥膳料理為基礎，根據每日不同性質的工作而改變料理內容。

Q 在什麼樣的機緣下成為料理家？
在大學時舉辦過一次料理活動。此外，因為旅行和生病的關係，使我開始注意食物與身心的相關性，也研究起何謂在地生活。

Q 料理時最重視什麼？
我很重視每個當下的五官感受，不只餐後的身心狀況，也注意精神層面，更隨時提醒自己做菜時要善用食材的特性。

no. 016

料理專家
森薰
Mori Kaoru

在京都山崎經營烹飪教室與生活雜貨店「Relish」。
著作有《每日便當圖鑑（日々のお弁当図鑑）》、
《溫和不刺激的湯頭教室（やさしいおだしの教室）》等。www.relish-style.com

每天做飯最大的樂趣，
就是希望用笑容做出的飯菜，
能為全家帶來健康。

森薰的家常食譜百做不厭，受到很多人喜愛。
從她位在京都山崎經營的烹飪教室與雜貨店「Relish」，
就能探訪她的日常生活。

這裡是京都最小也最綠意盎然的城市──大山町，森薰在這裡開設生活雜貨店並附設烹飪教室。和以安全為第一考量的蔬菜生產者交流、請縫紉或插畫講師企劃課程……現在，這裡已成為許多人透過各種「生活」細節進行交流的悠閒場地。

在口耳相傳下聚集了許多不分性別、不分年齡層的學生，Relish幾乎每天都有由她親自教學的烹飪課。「我做的真的都是些樸實的家常菜，每天接觸這些學生，讓我深刻感受『想為家人好好做飯菜，卻因為忙碌而做不到』的心情。光靠食譜書很難把一切傳授得很清楚，像是只要改變切菜方式就能更有效率做出一道菜這種細節，所以很希望大家能在開心氣氛下學會這些。」店裡販售的生活雜貨，有許多是應工作人員與學生要求而進貨，「這些雜貨外觀不起眼，只是日常生活裡使用的東西，但卻都有那麼一點堅持之處，和我的料理有點像。」

她同時也是負責家人一天三餐的媽媽，輕鬆駕馭忙碌生活的訣竅，就是面對家事時不要給自己太大壓力，每天都加入一點變化。比方可以到離家遠一點的車站或商店街去逛逛，轉換一下心情。「可以在居住區域內的不同商店多走走逛逛，會意外發現世界比想像中還大。」她這麼說。

Q 擅長的料理領域？
我介紹的食譜菜色多半使用容易買到的食材，人人都能快速完成的家庭料理，或是用當季蔬菜做的家常菜。

Q 在什麼樣的機緣下成為料理家？
孩子出生後的育兒過程中，我深切體會到每天的飲食有多麼重要，這個想法讓我決定走上這條路。

Q 料理時最重視什麼？
一定會親自熬煮湯頭，同時選擇不含化學添加物的調味料。也很重視擺盤，食物份量的均衡與否，對美味程度也有影響。

1：隔熱手套、乾燥香草、調味料等等，讓各種日用品呈現統一感的訣竅，就是沒有太多顏色。
2：乾燥食材用相同高度的玻璃容器收納，整齊劃一。
3：放在大籃子裡，使蔬菜的顏色感覺起來更鮮艷。
4：一年要做三百六十天便當，菜色豐富，特徵是不侷限於「白飯加配菜」，切開麵包夾入內餡的口袋三明治，也是很受歡迎的一種便當。
5：架子上擺滿熟識工藝作家創作的餐具，在她經營的雜貨店裡也買得到。

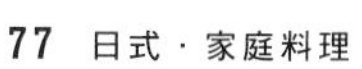

濱田美里的拿手好菜

松茸牛丼

【材料】預設為一次可吃完的 4 ～ 6 人份

牛碎肉…300g
洋蔥…200g
松茸…200g
蜂蜜…1 ½ 大匙
白飯…適量
沙拉油…1 大匙
白葡萄酒…3 大匙

Ⓐ
砂糖…2 大匙
醬油…5 大匙
水…¾ 杯

【做法】

1. 洋蔥以與纖維方向垂直的方式切成細條；松茸切去根部後剝散備用。
2. 在較大的平底鍋內以中火熱油，放入洋蔥一邊拌炒，一邊讓油沾遍整個鍋子，蓋上鍋蓋轉小火燜 5 分鐘。加入蜂蜜，約 2 分鐘後，等洋蔥泛出光澤即可加入松茸，快速拌炒後再蓋上鍋蓋，燜煮約 5 分鐘。
3. 加入白葡萄酒，待酒精揮發後加入材料 Ⓐ 使其沸騰。放入牛肉，撈掉浮渣，繼續煮 2 ～ 3 分鐘直到牛肉變色即可熄火。
4. 在碗公內盛飯，用漏杓或扁平湯匙過濾湯汁後，將 3 的牛肉放在飯上，上面再添加紅洋蔥或醋漬紅薑（不包含於材料份量中）。

Favorite item

最喜歡的東西……

1 在築地買的裝盤用長筷

和普通筷子相比因為尖端較細，夾小東西時很好用。只要有這雙筷子，裝盤的速度會完全不同，忙著做便當時能更有效率。

2 味噌濾篩與小碗

醃漬少量食材時很方便，可以減少調味料的浪費，又不佔空間。味噌濾篩用來代替普通篩子也很順手。

no.
016

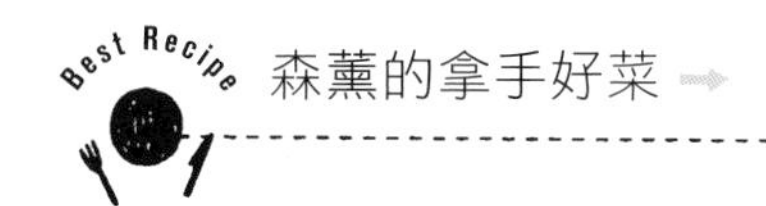

森薰的拿手好菜

炸雞塊

【材料】1 人份
雞胸肉…1 塊
打散的蛋汁…1 ～ 2 大匙
麵粉…1 大匙
薄口醬油… 1/4小匙
青紫蘇葉 *…2 片
炸油…3 ～ 4 大匙

【做法】

1. 抓住雞胸肉上的筋，用菜刀把雞胸肉切成細條，將筋去除。
2. 在大碗裡放入蛋汁、麵粉、薄口醬油混合均勻，再用手撕碎紫蘇葉，和 1 處理好的雞肉一起加入碗內，全部攪拌混合。
3. 小型平底鍋內放油熱鍋，用叉子之類的器具將 2 的雞肉分成兩三塊，再分次放入油鍋。反覆翻面約 5 分鐘左右，直到外皮炸成焦酥金黃色。

※ 青紫蘇葉富含礦物質和維生素，除了入菜，也具有很好的抗炎作用，可為食品保鮮和殺菌。

Favorite item

最喜歡的東西……

1 「赤川器物製作所」的平底鍋

直徑 16cm 大小適中，是最常使用的平底鍋，做便當時特別好用，從炒菜到炸東西，幾乎都靠這個鍋子。

2 可在「Relish」購買的橡膠刮刀

在 Relish 販售的商品中屬於熱門商品。耐熱溫度高，不管何種料理都能安心使用，折彎時的手感也堪稱一絕。

no. 017

料理專家
山戶由香
Yamado Yuka

擅長糙米蔬食與戶外料理，是以大自然為主題展開活動的料理組合「noyama」成員之一。最近剛從東京搬到八岳山麓定居。除了與 noyama 的成員合著之外，自己也出版多部著作。www.chanafood.com

熟知當季蔬菜的味道，巧妙運用在不同料理上。

山戶由香實行不使用肉或魚的烹調法，
正因為熟悉各種蔬菜的味道，
做出的料理才能將美味發揮得淋漓盡致。

受到致力於飲食教育的母親影響，從小就不吃化學調味料，或許也因為這樣，她現在過著幾乎不吃魚或肉的飲食生活。由於蔬菜與動物性蛋白質不同，需要多花一點心思才能引出食物的鮮美，所以在調味前總是會挖空心思。這麼一來，容易被認為滋味平淡的蔬食菜色，也能成為滿足口腹之慾的料理。

想必有很多人不知道該怎麼好好料理蔬菜吧？山戶由香說：「一旦熟知蔬菜本身的味道，做出來的菜色自然就會增加。」即使是陌生的蔬菜，也可嘗試融入料理，反覆品嚐，慢慢就會知道該如何烹調。此外，如果知道哪種蔬菜在什麼時期最美味，掌握當令的種類，料理起來就更有趣，也會大大影響蔬菜的美味程度。

舉例來說，汆燙後的菠菜可以先浸冷水，再放在篩子上攤平，口感就不會因加熱燜煮而變得軟爛；蒸蔬菜時則需掌握每種食材最適合的蒸煮時間，蒸出來才會更美味。像這樣熟知蔬菜特性，讓蔬菜料理更好吃的方法，她都不吝與大家分享，透過這些充滿智慧的食譜，也讓人重新體認到蔬菜其實也可以很美味。

Q 擅長的料理領域？
以蔬菜或糙米等植物性食品為中心的料理，我經常用這類料理款待親友或舉行戶外派對。

Q 在什麼樣的機緣下成為料理家？
父母經營餐飲業，受他們的影響對料理產生興趣。從小不使用化學調味品的生活，為我打下現在的基礎。

Q 料理時最重視什麼？
在料理中一定使用當季蔬菜，並且運用能將食材原味發揮到極限的烹調方式，還要注重健康調味，即使是蔬食也得有飽足感。

1：沒用完的蔬菜用同個容器裝在一起才不會忘記，氣密性高的保鮮盒能防止食材乾燥，內容物也一目了然，不浪費任何食材。
2：將當季食材做成酸黃瓜或醋漬品，當作保存食品。
3：冰在冰箱裡的蔬菜用塑膠袋裝在一起，放在固定位置。
4：洋蔥等可常溫保存的蔬果則放在籃子裡，愈新的放愈下面。

no. **018**

料理研究家
植松良枝
Uematsu Yoshie

重視食材的季節性，提倡充滿季節感的料理，視耕作蔬菜為天職。經常利用工作空檔出國旅行，同時在東京都內主持一間烹飪教室。www.uemassa.com

不論是在菜園種菜，或是出國旅行，生活的一切都與料理息息相關。

除了以料理家身分積極活動外，植松良枝也花費許多時間精力，投入視為天職的蔬菜耕作上。

大約十一年前，植松良枝從祖父母那邊繼承位於神奈川縣伊勢原市內、面積約有六個網球場大的菜園，每年親手栽種超過一百種以上的蔬菜。「我認為耕作蔬菜是終身天職，在菜園裡配合季節變化度過的日子，讓我擁有比收成更豐富的收穫，耕種使我心情平和寧靜，對『時令之味』的感謝也變得更強烈。」她說自己特別喜歡四月與十一月。四月春天時鮮嫩欲滴的山菜與野菜抽芽開花，連空氣也晶瑩剔透；十一月秋天則是根莖類與果實類結果收成的季節，能品嚐到溫暖的美味，周遭氣氛也滿溢收成的踏實感。在田園中，每天都能從風的氣味與太陽光線的轉換中，察覺季節變換。

在工作空檔安排時間造訪不同國家，也是她最喜歡的事，至今

1：「炸肉餅這種用筷子吃的『日式西餐』，是配菜中不可或缺的種類。」她的家常菜總是繽紛美麗。
2：配合不同用途，準備了各種漂亮的餐具，使用起來更順手。
3：香料等各類佐料，放在幾年前去印度旅行時購入的香料罐中保存。粉末香料和整顆香料分開保存，置入乾燥劑。
4：將整顆香料搗碎使用，香氣撲鼻！

Q 擅長的料理領域？

運用當季食材的美味做成料理。日式料理、印度及東南亞等具有異國風情的料理，不分領域都很擅長。

Q 在什麼樣的機緣下成為料理家？

閱讀許多出色的食譜書之後，不知不覺也踏上這條路。曾經參與料理雜誌的製作工作，從各種角度累積與飲食相關的經驗。

Q 料理時最重視什麼？

一定要用自己的眼睛與舌頭挑選食材與調味料，而且配合不同場合調理食物。在構思食譜時會特別注意在口感與口味上，做出輕重緩急的節奏。

已走遍許多地方，像是歐洲的西班牙、亞洲的越南、印度、台灣等……當地人充滿活力的飲食文化與能量十足的城市景象，或許與她本身的力量產生某種共鳴。

「我也在芬蘭體驗過寄宿家庭的生活，住了一段時間，深深受到那裡享受四季變化、與大自然共存的豐饒生活影響。」從旅途中遇見的人事物接受到新的靈感，其中更有許多觸發她思考出嶄新的料理。

「我認為料理的靈感是從日常生活中累積出來的。」她語帶肯定地這麼說。積極且持續創作料理的習慣、充足的體力與活力，都是面對料理這份工作時不可或缺的要素。

Best Recipe 山戶由香的拿手好菜

小扁豆與蕃茄乾炊飯

【材料】2 人份

糙米…1 合（180cc 或 150g）
水…2 合（360cc）
蕃茄乾…2 片
小扁豆…2 大匙
醬油…½大匙
青紫蘇葉…4 ～ 5 片（切細絲）

【做法】

1. 糙米洗淨瀝乾，放入厚鍋。
2. 加入水、蕃茄乾、小扁豆與醬油，蓋上蓋子開火加熱。
3. 沸騰後轉極小火炊煮 30 ～ 40 分鐘。待飄出的蒸氣中帶有一點香氣時，即可熄火燜蒸 10 分鐘。
4. 加入青紫蘇快速混合攪拌。

Favorite item

最喜歡的東西……

1 從出清商品中找到的雙耳琺瑯鍋

在鋁鍋外鍍上一層琺瑯的出清品，雖然一邊手把掉了，但較薄的鍋身熱傳導速度快，方便用來水煮蔬菜。

2 「特百惠（Tupperware）」的攪拌機

不需插電的手動式攪拌機，性能優越，只要替換刀頭，無論打碎食物或磨泥都很方便。製作棕醬（brown sauce）等需要切碎大量蔬菜的調料時，是不可或缺的好幫手。

no.
018

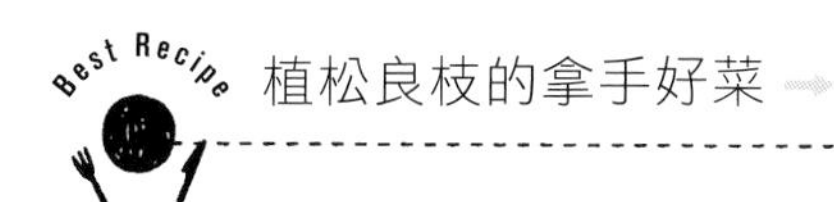

植松良枝的拿手好菜

加入滿滿新鮮洋蔥*的炸肉餅

【材料】約 8 個分

新鮮洋蔥（大顆）…1 顆
（可食用部分約 250g）

牛絞肉…400g

Ⓐ

蛋…1 顆

生麵包粉…多於 ½ 杯

鹽…1 小匙

胡椒… ⅓ 小匙

麵粉、打散的蛋液、生麵包粉、炸油…各適量

醬料（隨個人喜好口味）…適量

【做法】

1. 將新鮮洋蔥切成 7mm 方塊狀備用。
2. 切好的洋蔥放入大碗，加上牛絞肉與材料 Ⓐ，仔細攪拌直到呈現黏稠狀後，捏成厚約 3cm 的肉丸（大小可參差不齊）。
3. 在肉丸表面沾滿薄薄一層麵粉，依序裹上蛋液和生麵包粉。
4. 用 170℃的熱油炸至外表呈現焦酥金黃，再搭配喜歡的醬汁一起享用。

※ 這裡的「新鮮洋蔥」指的是收成後，未經乾燥儲藏便上市販售的洋蔥。若使用普通洋蔥，則大約使用 ½ 顆，切成碎丁狀。

※ 將牛絞肉的 1/10 或 2/10 換成切碎的牛肉會更美味。

Favorite item

最喜歡的東西……

1 生形由香創作的盤子

因為形狀很特別，原本只想拿來當作餐桌上的裝飾品，沒想到一用之下卻意外順手好用。「是個無論哪種料理都適合使用的優秀盤子。」

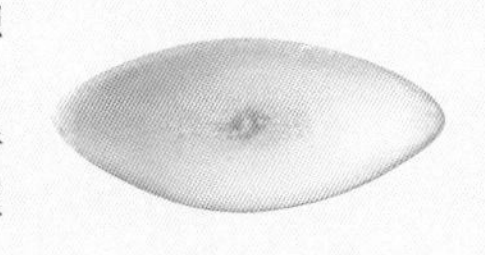

2 「4th-market」的湯碗

平常最喜歡喝熱湯，這個碗能放在火上直接加熱，完成後就這樣端上桌。材質是給人溫暖印象的陶瓦，簡樸的線條也令人印象深刻。

營養當然很重要，但是味道也不可以忽略。

從營養學領域轉而發展成料理專家的今泉久美，
覺得對身體有益的食物雖然重要，
更希望能做出十足美味的料理。

no. 019

料理專家
今泉久美
Imaizumi Kumi

畢業於女子營養大學營養學部，現在是該大學附設營養學診所的特別講師，負責指導健康瘦身料理課程。曾任職於食品公司，也當過烹飪節目與料理專家的助手，於1995年獨立創業，著有多部食譜書籍。

曾在媒體上參與演出，也出過書，積極活躍於各種領域，她的料理沒有特別的食材或調味料，只用日常生活垂手可得的材料，卻能讓人吃下一口就感到滿滿幸福，也因為如此，她的食譜擁有許多忠實粉絲。

在食品公司以及女子營養大學的調理學研究室工作過的她說：「在我當塩田美智留老師的助理時，某天突然發現比起是否合乎營養學，更重要的是能不能做出美味的料理。」所以做料理時總不忘隨時提醒自己這點。現在在母校附設的營養學診所裡負責料理，她說當參加講習的學生吃了她親手做的午餐，並發出「好好吃」的讚美時，就是感到最幸福的時刻。

在每日忙碌生活中，最重視的是老家山梨縣的生活。在有豐富大自然圍繞的環境中，用田裡採收的蔬菜做菜，是她最期待的事。為了工作驅車往返兩地的路途中，一邊眺望窗外山景，腦中總會浮現各種食譜的新點子，對她而言這段時間非常寶貴。

「以前經常外食，不過最近我開始會從在各地吃到的新料理中，得到食譜的靈感，也會思考用剩的食材該怎麼煮來吃。」她對於該如何取捨擁有出色的直覺，這或許來自於珍惜每天生活及日常的態度吧！

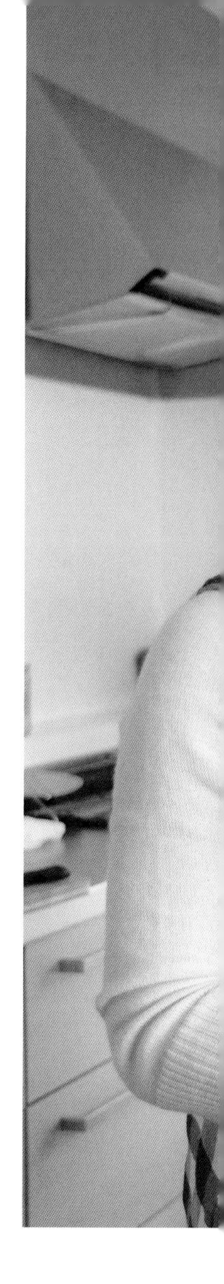

1：她最喜歡蔬菜，基本上不管做什麼料理，都會加入大量蔬菜。

2：經常將口味清淡的信州味噌當作隱藏調味料入菜。有時拿來炒金平牛蒡，有時拿來與美乃滋混合，有時也拿來做生菜沙拉的沾醬，柴魚片也是捏飯糰時一定會拿來當作內餡的食材。

3：做料理時經常使用Staub的鑄鐵鍋，能做出很美味的炊飯。

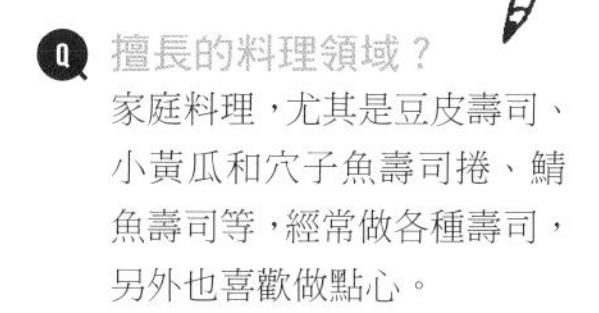

Q 擅長的料理領域？

家庭料理，尤其是豆皮壽司、小黃瓜和穴子魚壽司捲、鯖魚壽司等，經常做各種壽司，另外也喜歡做點心。

Q 在什麼樣的機緣下成為料理家？

從食品公司離職後，我回到母校的調理學研究室打工，透過介紹開始接觸營養計算的工作，成了踏上這條路的機緣。

Q 料理時最重視什麼？

不要一次組合太多當季食材、使用的食材種類要挑選、注意調味料的份量、力求食譜內容清楚易懂。

食譜最重要的是
作法與成品都不能只有好看，
要真的好吃才行。

除了必須簡單易懂，
也一定要是照著做就會很美味的家庭料理，
市瀨悅子的食譜中滿是這樣的心意。

no.020

食物搭配專家
市瀨悅子
Ichise Etsuko

曾擔任森野熊八、枝元奈穗美等知名料理研究家助手，於2010年獨立創業。以「美味又好做」的家庭料理為主題，持續發表料理食譜，也活躍於雜誌、報紙及電視等各種媒體，致力於飲食教育。

市瀨悅子說「美味又簡單好做的家庭料理」就是她的食譜主題，調味夠不夠下飯也是重要考量。看看她的食譜，包括日式料理在內，都是些日常的菜色，讓人今晚也忍不住想試著做做看。

在烹飪時除了講究外觀和作法，她更堅持東西一定要好吃，絕不浪費食材，就連調味料都只用自己吃過，真的覺得好的東西。連細節都很講究，應該就是她一直能推出美味食譜的祕密吧！

原本就很喜歡料理，發現自己即使是平常做料理時，也會不斷思考「這種口味和那種口味適合搭配在一起嗎？」、「這幾種食材配在一起好吃嗎？」等等問題。我們反問什麼情況會讓她慶幸自己從事了這份工作？她回答：「當認真面對食材，過著自己想要的生活時，就會每天都很開心。」想必今後依然會對食材抱持真摯的態度，一邊享受工作與生活，一邊將家庭料理的魅力傳送給大家吧！

Q 擅長的料理領域？

所有類型的家庭料理。其中自己最喜歡下飯的料理，所以最常煮的是用醬油、料理酒、味醂和砂糖調味的甜鹹類配菜。

Q 在什麼樣的機緣下成為料理家？

因為我很喜歡做料理，當讀者或觀眾看了我介紹的食譜，對我說覺得很好吃、也想動手試試看時，就是我最幸福的時刻。

Q 料理時最重視什麼？

作法和外觀都不要太脫離現實，重要的是能兼顧實際與美味。發表食譜時，經常提醒自己要用簡單易懂的方式表達。

1：調理台上盡量不放置多餘物品，隨手收納。
2：「井上古式醬油」和「相生古式真味醂」，是製作日式料理時不可或缺的調味料，堅持選用遵循古法釀造的產品。
3：即使認為廚房內「愈簡單愈好」，但依然保持童心，小地方很有她的個人風格。
4：日常餐桌基本上都是以飯、味噌湯、三道菜肉均衡的配菜組成。

no.
019

Best Recipe 今泉久美的拿手好菜

適合瘦身中的生薑豬肉燒

【材料】2 人份

豬腿肉（切薄片、除去脂肪）…120g

日本太白粉 *… 1/3 小匙

沙拉油…1 小匙

Ⓐ

醬油… 1/2 大匙

料理酒… 1/2 大匙

生薑（磨成泥）…1 小匙

｜配菜｜

高麗菜葉（切絲）…2 片

小蕃茄…6 顆

【做法】

1. 肉切成 2 ～ 3 塊，放入材料 Ⓐ 中，加入太白粉，讓肉片均勻沾裹醬汁。
2. 在平底鍋中放油，以中火加熱，逐一放入 ❶ 的肉片，快速煎烤雙面。
3. 和配菜一起裝盤。

※ 日本太白粉是從馬鈴薯精製而成的澱粉。

Favorite item

最喜歡的東西……

1. 「木屋」的球墨鑄鐵輕量平底鍋

熱傳導性能極佳的鐵製平底鍋，不只在做生薑燒肉這類肉料理時可用大火燒出豐富肉汁，做許多料理都派得上用場。

2. 「京都 hannari 本鋪（はんなり本舗）」的太田家手工製洗潔劑

洗淨力強、不刺激皮膚的洗潔劑。因為也能用來洗菜，做菜時用它洗去手上污垢，馬上又能放心回頭做菜。

no.
020

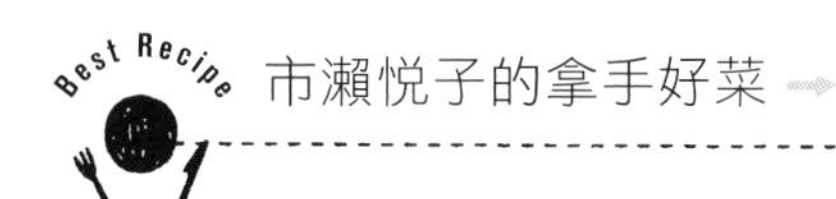

市瀨悅子的拿手好菜

鬆軟可口炸雞胸肉

【材料】2 人份

雞胸肉…6 條（約 300g）

麵粉、太白粉…各 3 ～ 4 大匙

蛋（打散的）…1 顆

炸油…適量

沙拉生菜…適量

｜醃肉醬料｜

料理酒…1 大匙

醬油…1 大匙

生薑汁… ½ 小匙

鹽、胡椒…各少許

｜醬油口味甜鹹醬｜

醬油… ½ 大匙

味醂… ½ 大匙

砂糖…1 小匙

【做法】

1. 雞胸肉去筋，放入大碗中，加入醃肉醬料搓揉，放置一旁 10 分鐘以上使其入味。將甜鹹醬材料倒入耐熱容器、均勻混合後，蓋上保鮮膜，送入微波爐（600W）加熱 30 ～ 40 秒。
2. 在大盤子上混合麵粉與太白粉。先將混合好的粉末撒在 1 的雞胸肉條上，裹上一層蛋汁後，再次將粉末均勻撒上，撒粉後用力握緊雞肉，讓炸粉確實附著於雞肉上。
3. 用平底鍋將油加熱至 170℃，將 2 的雞肉條依序放入鍋中。等表面麵衣炸硬後，一邊翻面，一邊再炸 3 ～ 4 分鐘。之後轉大火，快速油炸 1 分～ 1 分 30 秒使表皮酥脆，瀝油起鍋。
4. 裝在盤子裡，一旁添上沙拉生菜、淋上甜鹹醬。

Favorite item

最喜歡的東西……

1

在「J-PERIOD」買的沖繩陶瓷器

沖繩傳統窯燒陶大盤。「最適合用來裝炒菜或主餐料理，也會用這個盤子裝大量涼拌菜再分裝給大家，是我經常使用的餐具。」

2

不鏽鋼儲物罐

保存食品用的儲物罐，也適合用來暫放炸過東西的炸油，和附有提把的油壺比起來更容易收納，也是這個儲物罐的一大優點。

no. 021

料理專家
瀨戶口詩織
Setoguchi Shiori

學生時代一邊在「SETSU MODE SEMINAR」學習插畫，
一邊在吉祥寺「諸國空想料理店 kuukuu」當店員，
因緣際會成為料理家高山南的助手，最後獨立創業，著有《美味歲時記（おいしい歳時記）》等書。

就算覺得「好好吃！」的東西和別人不一樣，也沒關係。

獲得「真好吃」的稱讚時，
自己和對方都會感到幸福，
瀨戶口詩織說：「和飲食相關的工作是無可取代的。」

1：朋友割愛的昭和初期餐具櫃中，收納了心愛的餐具。

2：對鹽非常講究，包括國內外品牌在內，隨時備有超過四、五種，會按不同料理區別使用。

3：用心保持食材的鮮度，例如荏胡麻葉要冰入冰箱前，會先將莖部浸在水中。

4：擅長畫圖的兒子畫的可愛青椒插畫，裝飾在廚房裡。

學生時代原本學的是插畫，因為利用課餘時間在料理家高山南擔任主廚的吉祥寺名店「kuukuu」打工，從此踏上料理之路。她一邊向高山主廚學料理，一邊在「kuukuu」工作了十年左右，到最後已可負責店裡食譜的開發工作，累積豐富的經驗。

她在構思食譜時，最重視的是「不做超出能力範圍的事」，認為重要的是將自己能力所及的事仔細做好，並想像成品完成後的模樣。「就算自己覺得『這麼做一定會很好吃！』的做法和別人不一樣也沒關係，失敗是成功之母。」

在這樣的過程中，往往誕生意想不到的新滋味，所以她從不為自己設限。此外，她尋找菜色靈感的方式也相當特殊。例如，在超市排隊等結帳時，會偷看前一個人菜籃中的食材，尤其看到對方買了自己沒買的東西時，便會試著想像「這些食材要用來做什麼菜？」藉此刺激創造力。此外，和朋友各帶一道菜舉行派對時，也一定會從中發現有趣的烹飪靈感。

「從事飲食相關的工作，只要能讓吃的人稱讚美味，自己和對方都會覺得幸福。」她還說，從事與飲食相關的工作讓她學會接受自己，並從中找到歸屬感。由這句話就能明白料理工作對瀨戶口詩織而言是多麼無可取代的存在。

Q 擅長的料理領域？

家庭料理與異國料理。烹飪時享受自己的做法，即使心目中美味料理的做法和別人不一樣也沒關係。

Q 在什麼樣的機緣下成為料理家？

在吉祥寺餐廳 kuukuu 打工時遇見高山南老師，成為她的助手，開啟了我的料理生涯。

Q 料理時最重視什麼？

包括食材與顏色、切法、加熱方式，注重色香味俱全的作法。此外，一找到美味的鹽和醬油就會拿來試作。

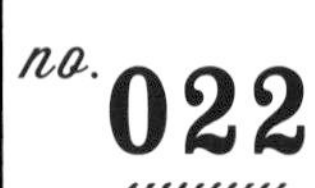

no. 022

料理研究家

岡田桂織

Okada Kaori

著手改建老倉庫，在此經營穀物蔬食店「月之庭」（已於2011年結束營業），就此踏入料理的世界。目前除了定點開設穀物蔬食烹飪教室外，也應邀前往全國各地開辦到府烹飪教室。三十歲前開始參與環保運動，深感食物與農業重要性的她，經常舉行飲食教育方面的相關演講。

做菜時要有點堅持，但也不要太拘束，特別是面對食物時應該更有彈性。

在豐富的自然環境中孕育出岡田桂織的眾多蔬食食譜，每道都充滿對身心溫和的好滋味。

主持烹飪教室「桂樹庵」，也在全國各地開辦到府烹飪教室的料理研究家岡田桂織，使用蔬菜、各類穀物與乾燥食材、海藻類等，運用傳統調味料做出各種對身心溫和無負擔的料理。還未滿三十歲時就已投入環保運動，從中深深感受到食物與農業之間密不可分的關係，也奠定今日料理活動的基礎。

住在擁有豐富自然環境的三重縣龜山市，平時使用來自附近農家、有機食材超市及自家菜園裡的當季新鮮蔬菜，不斷推出各種創意食譜。詢問在構思食譜時特別講究什麼，她的回答是：「最重要的是，必須對日常飲食方便、不麻煩，以容易買得到的當季食材和簡單烹調方式做出的菜色。」而且為了不破壞食材原有風味，她對調味料也有一番堅持。「我會去拜訪調味料的生產者或釀造者，自己也會親手做。」

雖然在烹飪上有所堅持，出乎意料，她並非徹底的素食主義者，有時也會吃肉或魚，這點令人感到很有意思。「為了獲得新食譜的靈感，有時我也會外食。吃著不同師傅做出的料理，『這種料理要是用純蔬食來做會怎麼樣？該用哪些食材好呢？』去思考這些也很有趣。」

有所堅持但不受拘束，就是這樣的動力，使她擁有柔軟的感受力，所以寫得出各種出色食譜。

Q 擅長的料理領域？
家庭料理。我喜歡思考如何不浪費食材做出美味的料理。蔬菜直接吃雖然也很美味，但加工過後的滋味會更豐富。

Q 在什麼樣的機緣下成為料理家？
經營「月之庭」這家餐廳之後，我開始研究料理，因為很多客人常說：「請告訴我這道菜怎麼做！」

Q 料理時最重視什麼？
用心去做。為了讓日常飯菜做起來方便不麻煩，盡量選擇容易取得的食材，做法也要盡量簡單。

1：自宅旁的菜園，每天隨時能從這裡採收新鮮蔬菜。
2：蔬菜直接吃當然也很美味，曬乾後的蔬菜則另有一番風味。不只濃縮了鮮甜，口感也不一樣。
3：用醋漬蔬菜、油漬蔬菜和鹽漬蔬菜來代替調味料，也是她的料理特色之一。蔬菜鮮味可引出料理的美味。

瀨戶口詩織的拿手好菜

越南風味滷肉

【材料】3～4人份

豬五花肋肉…500g
水…700～800cc
冬瓜…1/8條
香菜…適量

Ⓐ
生薑（切片）…1片
蒜頭（去芯壓成泥）…1瓣
乾蝦仁…8個
黑胡椒粒…8粒
香菜根…1株
料理酒…50cc
魚露…2 1/2大匙
砂糖…多於1大匙
蠔油…1小匙

【做法】

1. 在深鍋內直接放入整塊豬五花肋肉，先用熱水（不包含於材料份量中）燙熟。煮沸後將水倒掉，用水洗淨豬肉再瀝乾水分，切成3～4cm寬的肉塊。
2. 選用較厚的鍋子，放入切好的豬肉塊和材料Ⓐ，加水後以中火加熱，沸騰後轉小火，撈掉渣滓。約煮1小時，加入削皮去蒂，切成4cm寬的冬瓜塊，繼續煮30分鐘。肉和冬瓜都煮軟後即可熄火放涼。
3. 要吃之前再加熱，裝盤後撒上一點切碎的香菜。

Favorite item

最喜歡的東西……

1 在「starnet」買的研磨缽

迷你尺寸的研磨缽，在研磨少量芝麻時很方便，也可用來磨蒜泥或薑泥。研磨棒是朋友從法國帶回來的禮物。

2 尼泊爾的壓力鍋

在尼泊爾經營咖哩店的朋友從當地買回來的伴手禮。想縮短燉煮料理的時間或想煮出鬆軟口感時都會使用它。

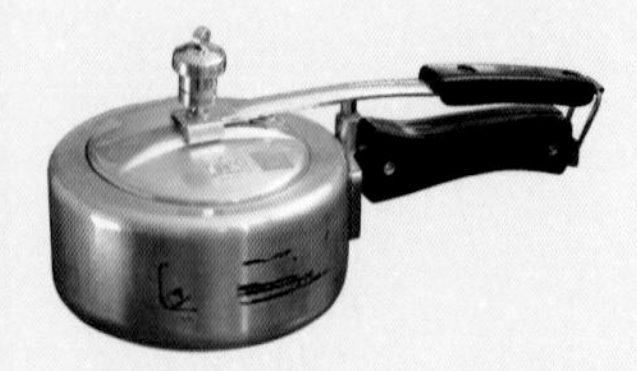

no.
022

岡田桂織的拿手好菜

醃漬高麗菜與蘆筍

【材料】方便一次做好的份量

高麗菜…400 ～ 500g

蘆筍…2 ～ 3 根

｜醃料｜

橄欖油…2 大匙

醋…2 ～ 4 大匙

鹽…1 ～ 2 ½小匙

甜菜糖…1 小匙

月桂葉…2 ～ 3 片

芫荽種子…少許

胡椒粒…少許

【做法】

1. 在較大的碗中裝入醃料材料，仔細攪拌均勻。
2. 將高麗菜先切成 2cm 寬條狀後再切成小塊，用熱水燙 3 分鐘後瀝乾，再用冷水降溫，有時間的話也可直接放涼。
3. 蘆筍先將根部可折斷的部分折下，折下較硬的部位捨棄不吃。在鍋子或平底鍋中煮沸 4 杯水，放入蘆筍並立刻加入 1 小匙鹽（不包含於材料份量中），用大火水煮 1 分鐘，瀝乾後斜切成 1cm 小段。
4. 在 1 的大碗中放入瀝乾水分的高麗菜和蘆筍，混合均勻後放置 30 分鐘以上。裝盤前再攪拌一次。

※ 由甜菜提煉的天然糖，富含礦物質與維生素。

Favorite item

最喜歡的東西……

1 「手工鍛造刃物職人」的菜刀

購於愛知縣豐田市的「足助屋敷」。由於經常應邀前往各地做菜，朋友特地為她縫製了菜刀套，成了她愛用的寶物。

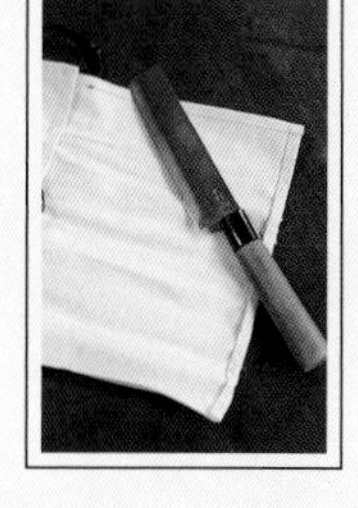

2 京都工藝家——寺井秀雄的砧板

有著美麗的輪廓，是她最喜歡的一塊砧板。重量輕，易於攜帶也好清洗，原本是為了方便到府烹飪教學工作而買的，現在已成為日常生活的愛用品。

no. 023

料理研究家
渡邊真紀
Watanabe Maki

曾經是平面圖像設計師，後來又以料理專家身分展開各種活動，提倡符合季節感受的料理、保存食品、乾物料理等。著作有《塞爾維亞食堂的正式早餐（セルビア食堂のきちんと朝ごはん）》、《每天，勤快地，一點一滴（毎日、こまめに、少しずつ）》等。

想透過「吃」這件事分享給更多人知道，食物被視為理所當然的優點。

渡邊真紀從各種領域提倡符合季節感受、
既時髦又不刺激身體的料理，
也分享招待賓客的料理創意。

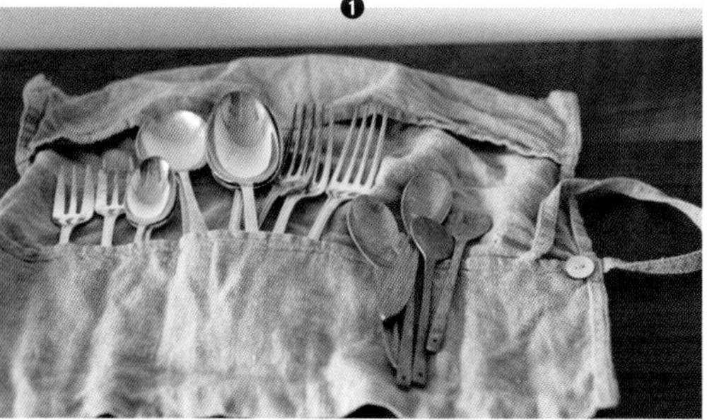

1：包括法國老牌餐具「Christofle」、古董餐具及出國旅行時買的黃銅餐具等，收集許多愛用的西式餐具。

2：招待客人一定會端上桌的是使用當季水果製作的果醬，搭配親手做的法式脆片。

3：兒子畫的圖是室內裝飾的一部分。

4：收納在廚房吧台底下的盤子，以各式料理都能搭配的米白色和純白色製品為中心。

5：想打造讓心情安適的房間，綠色植物也是祕訣之一。

提倡運用四季不同食材烹調常備菜，同時也擅長將日本傳統料理或和菓子加以變化，改造成時髦的現代料理。在她那宛如藝廊般時尚的開放式廚房裡，每天都有許多對身體溫和無負擔的料理誕生。

廚房後方的收納架上，各種廚具如展示品般排放，全都是歷史悠久兼顧實用性的夢幻逸品。「造型簡單、長久以來受到愛用，我認為這種特點很棒。」渡邊真紀收集了她喜愛的玻璃工藝作家所創作，各種不同用途的作品，其中包括大小尺寸的器皿，甚至還有燈罩。家中自然而然呈現出理念共通的美感，形成一個舒適的空間。

最喜歡在家款待朋友，她說宴客的重點是平日就要用心將家中整頓乾淨，客人來訪時不慌忙，也不讓客人因為緊張而疲倦，更不要勉強對方做不喜歡的事。此外，她很重視季節感受，會用水果、豆類等保存食品製成茶點，和客人一起度過快樂的午茶時光。

「教我做料理的是祖母，她會在不同季節親手做各種料理給我吃，即使長大成人，那些滋味到今天依然記得很清楚。或許忙碌的生活容易令人忘記該這麼做，但是，親手製作保存食品的智慧和那些被視為理所當然的食物優點，是我想要好好珍惜的事物。」

Q 擅長的料理領域？

醃漬物、曬乾食品等需要細心處理的保存食品；使用乾物烹調各種對身體溫和不刺激、以日式料理為中心的家庭料理。

Q 在什麼樣的機緣下成為料理家？

雖然原本是個平面設計師，但從以前就很喜歡料理，慢慢地開始從事與飲食相關活動。

Q 料理時最重視什麼？

將蔬菜、豆類等當季食材的原本美味，發揮到最大限度，也希望能傳承日本傳統飲食智慧。

no. 024

料理專家
松井里繪
Matsui Rie

定居於名古屋市，除了以料理專家身分發表創意食譜，也在烹飪教室擔任講師，還是料理與釀酒的店「食堂 mitte」的店主。擅長活用食材特色，在料理中加入香草與香辛料，為料理增添變化。

能用各式各樣食材做出一道菜，就是料理的最大魅力。

喜歡料理、喜歡做菜給別人吃，
松井里繪一天二十四小時都和料理分不開。

對松井里繪而言，料理就像呼吸一般自然，不只工作時烹飪，假日也會在家請客，親手做料理招待客人。「料理既是工作也是興趣。我總是在無意間思索關於食材與烹飪的各種事。」從小就喜歡吃也喜歡自己動手做菜，因為想藉由料理做點有趣的事而投入這個世界，結果反而深受料理的魅力吸引。

「料理最有意思的地方，就在於『邂逅』與『組合』的妙趣。將不同食材組合起來，或是取不同調味料搭配，甚至是料理與料理的組合、料理與酒的組合等等，探索這些新的可能性實在是太有趣了，只要一開始追求這些變化，對料理就沒有厭倦的一天。」

因為很講究食材的品質，為了親眼確認，經常直接造訪產地。「最近似乎進入『自己的食材自己生產』的境界（笑），要是能拿自己種的食材在烹飪教室使用該有多好。」

有美食的地方就會有人群聚集，她希望能為更多人提供這樣的場所。「食物最大的魅力就在於能讓吃的人露出滿意微笑，透過料理就能與許多人溝通交流，也是它的迷人之處。」

Q 擅長的料理領域？

我的料理特徵就是沒有一定的領域，看似簡單，卻會加入香草或香辛料多點變化。

Q 在什麼樣的機緣下成為料理家？

高中時代在面對升學或就業的抉擇時，我發現自己最喜歡「料理」和「吃」，不過那時也想像不到現在的自己會是個料理家。

Q 料理時最重視什麼？

應該是季節的滋味吧！我希望能做出隨著四季變化的料理，邂逅每個季節的不同食材。像是剛炊好的飯，配上當季食材做的配菜，與美味湯頭煮成的味噌湯，沒有比這更棒的食物了。

1：廚房的藍色磁磚令人印象深刻，愛用的烹飪用具以吊掛方式收納。
2：為了長期保存，將蔬菜加工製成果醬、蔬菜泥、醬油醃漬品等各種保存食物。燉煮食物時最適合加入蒜頭醬油增添醇味，也可用來沾炸雞塊吃。
3：只要改變食材組合，食譜就有無限可能。蔬果慕斯是忙碌早晨最好的早餐。

Best Recipe 渡邊真紀的拿手好菜

桂花陳酒煮白鳳豆配切片麵包

【材料】數人份

白鳳豆…200g
蜂蜜…5 大匙
桂花陳酒…4 大匙
鹽…少許
奶油乳酪…適量
粉紅胡椒…少許
法式長棍麵包（Baguette）…4 片

【做法】

1. 白鳳豆先泡水一個晚上，使其軟化。
2. 在鍋中放入豆子與差不多蓋過豆子的水、蜂蜜、桂花陳酒 3 大匙，用中火加熱。
3. 沸騰後，轉小火煮 1 個半小時，最後再加入 1 大匙桂花陳酒。
4. 取一杯左右的豆子搗碎，加入少許鹽並壓成泥狀。先在切片麵包上塗抹奶油乳酪，再抹上豆泥，最後撒一點粉紅胡椒粒。

※ 沒用完的豆子可在冰箱冷藏約兩週。

Favorite item

最喜歡的東西……

1 購於「CLASKA Gallery & Shop "DO"」的環保購物袋

利用回收古董布料重新縫製而成，兼顧耐用又順手的環保購物袋。「不分季節，我總是隨身帶著它，因為提把夠長，想肩背也可以。」

2 「朝光布條（朝光テープ）」的琵琶湖布巾

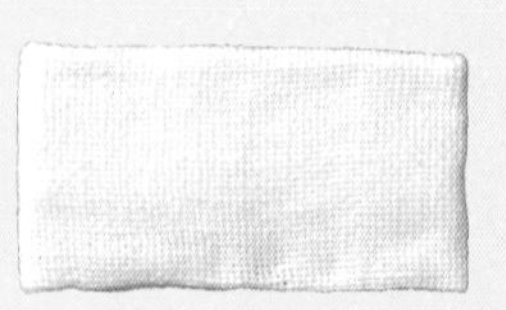

用洗淨力強的和紡織法織成的木棉布巾。「不只吸水力強，還能擦拭頑垢，可說是萬能布巾，甚至能拿來代替鬃刷。」

no.
024

松井里繪的拿手好菜

加了白鳳豆與生火腿的起司炸肉餅

【材料】6 個分

｜白鳳豆泥｜
乾燥白鳳豆…700g
蒜頭…2 瓣
洋蔥…1 顆
迷迭香…2 支
鹽…1 小匙
胡椒…少許
橄欖油…4 大匙

｜炸肉餅｜
白鳳豆泥…200g

Ⓐ
麵粉…2 小匙
生火腿（切成細條）…1 片
義大利巴西里（切碎）…2 小匙

卡門貝爾起司（Camembert Cheese）…60g

麵粉…適量
蛋液…適量
麵包粉…適量
炸油…適量

【做法】

1. 事先將白鳳豆泡水一個晚上，使其軟化；蒜頭與洋蔥切碎備用。
2. 鍋中加入 1 的白鳳豆與足量的水，開火加熱。沸騰一次後再加新的水，慢慢煮到白鳳豆軟嫩，即可瀝乾水分。鍋中的水留下一些在 4 使用。
3. 鍋中放油與迷迭香，加熱後再放蒜頭與洋蔥，拌炒到兩者變軟即可熄火。
4. 把瀝乾的白鳳豆倒入 3 的鍋子，慢慢加入 2 留下的煮豆水，一邊調整自己喜歡的軟硬度，一邊用食物攪拌棒把豆子攪成泥狀，將豆泥與蒜頭洋蔥均勻混合。
5. 用鹽與胡椒調味。
6. 將以上步驟完成的豆泥與材料 Ⓐ 混合，分成六等分，中央包入卡門貝爾起司後揉成球形。
7. 依序沾取麵粉、蛋液與麵包粉，以大約 190℃的油炸到外表呈現金黃色即可。

※ 可和蔬菜一起夾入皮塔餅皮（不包含於材料份量中）內享用。
※ 也可用培根取代生火腿。
※ 除了卡門貝爾起司，也可以用布里起司（Brie Cheese）等口味清淡的白起司取代。

Favorite item

最喜歡的東西……

1 古老又美麗的餐具與器皿

「我最喜歡這些古老又美麗的餐具和器皿。蒐集不只是為了珍藏，而是希望讓人好好使用。」每次只要看到美麗的老餐具，就會忍不住買下。

2 季節花卉與房間裡的植物

「房間裡沒什麼裝飾品太冷清了，所以我都用當季盛開的花來點綴。」她也種了枝葉茂密的空氣鳳梨。

口尾麻美做的「適合配飯的高麗菜捲」，重新詮釋在土耳其遇見的懷念滋味，現在已是口尾家的招牌菜，料理和餐盤的搭配堪稱一絕，真是餐桌上色香味俱全的一道。最棒的是高麗菜捲尺寸較小，吃起來輕鬆無負擔。

[用繽紛色彩妝點餐桌，教人興奮雀躍的一道料理]

Chapter 2

西式・多國籍料理

WESTERN & ETHNIC

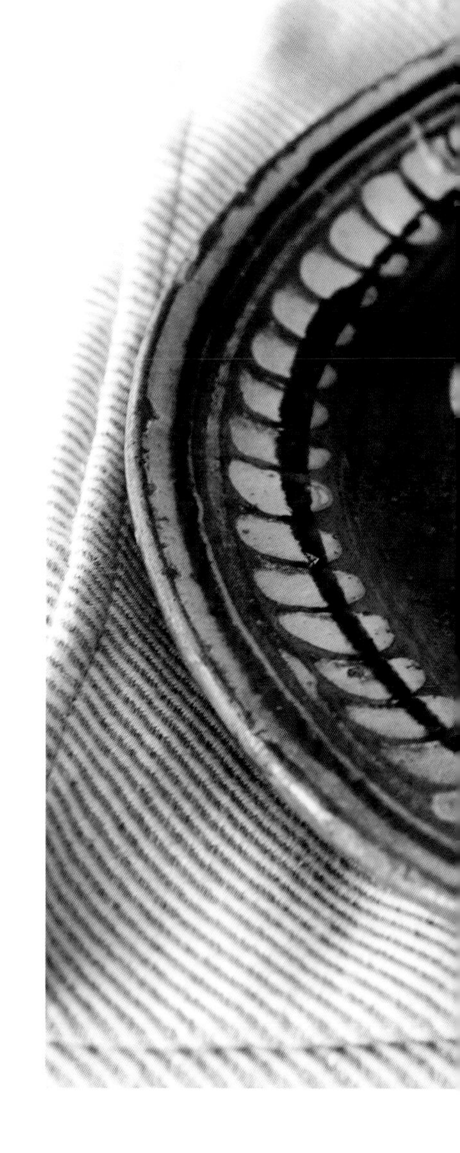

蛋包飯

色彩鮮艷繽紛，只要一盤就能將餐桌妝點得熱鬧非凡的西式及多國籍料理，光看外觀就使人精神振奮，好像真的到國外走了一遭，即使主食依舊是平常吃的白米飯，只要增加一點點異國風情，就能為日常餐桌帶來新鮮氛圍。

本章將介紹十三位深受西式料理與異國料理魅力吸引的料理專家，他們既重視日式料理精神，又熱愛探尋異國料理滋味。來看看這些料理家的拿手好菜，然後從中找到更多靈感吧！

燉雞肉與甜椒

用香辛料與香草做菜，試著回想旅途中的點點滴滴。

擁有數不清的旅行和藝術相關工作經驗，
從中磨練出的感受力與小堀紀代美的料理相呼應，
香辛料與香草帶來了異國的香氣。

no.025

料理專家
小堀紀代美
Kobori Kiyomi

曾身兼東京富谷區咖啡廳「LIKELIKE KITCHEN」（已於2010年結束營業）的經營人與料理人，其後也以料理專家身分活躍中。以雜誌為中心發表食譜，開辦的小班制烹飪教室大受歡迎。著作有《用兩道菜做成義大利麵定食（2品でパスタ定食）》。

1：旅途中遇見各種美麗的器皿，最近多在巴黎轉機時購買。
2：小堀紀代美的愛犬——法國鬥牛犬摩亞納，摩亞納在夏威夷語中是「海」的意思。
3：經常用到的烹飪用具，用S掛勾掛在換氣扇下收納。
4：客廳裡的杯櫃上放著心愛的咖啡杯，最上層則擺出先生送的可愛小擺飾。
5：不同的刀工也會改變蔬菜味道，在不斷嘗試與失敗中鑽研出美味。

成為料理專家前和先生一起從事與現代藝術相關工作，曾旅遊過三十個國家、六十五座城市。娘家經營西點店，從小就是個喜歡做料理也喜歡吃美食的老饕，在周遊各國的旅程中，興趣依然放在食物上。這樣的她做的是帶有濃厚香辛料與香草風味料理，反映出旅途中的種種記憶。

此外她的料理最令人印象深刻之處，就是擅長運用設計獨特、花色鮮明的各種餐具。「很多人都覺得帶有花紋的餐具很難搭配食物，對我來說卻不是如此，當我在腦中想像一道料理的完成，其中一定包含餐具的顏色與花樣在內。過去在藝術品展示會場工作時，無論現場氣氛或牆壁的顏色，都必須和掛在那裡的畫一起考慮進去，或許就是這種感覺吧！」

身為料理人的她不但充滿感性，研發食譜時更會對同一道料理不斷改變配方、反覆試作，為的就是用心完成無論由誰來烹調都能擁有高完成度的食譜。

「我希望自己這輩子都是個『料理學習家』。」一邊笑著說下一個想去的國家是土耳其或摩洛哥。旅行回來之後，她一定會再次反覆嘗試，從失敗中累積經驗，讓記憶中那盤充滿香氣的美味料理重現眼前。

Q 擅長的料理領域？
以法式料理為基礎，再加入旅行中品嚐過的滋味，也喜歡使用香草與香辛料添加異國香氣。

Q 在什麼樣的機緣下成為料理家？
先是有機會接觸餐廳經營的工作，就近看著專業料理人的手腕，令我大受感動。後來累積了料理人的經驗，就此走上這條路。

Q 料理時最重視什麼？
提高料理的完成度。目標是開發出即使熱源及烹飪工具不同，也不改美味的食譜。

no. 026

食物搭配專家

冷水希三子

Hiyamizu Kimiko

曾在餐廳與咖啡廳工作，之後投入食物搭配的工作並獨立創業。重視不同季節的食物風味，做出來的料理經常獲得「還想再吃」的好評。著作有《令人還想再來作客，有點小奢華的宴客食譜（また来たいと思われる、ちょっと贅沢なおもてなしレシピ）》等。

隨時打開美食天線，偵測哪裡有好吃的東西。

除了喜歡料理也很喜歡吃，
附近的市場、和朋友吃飯聚餐、旅行途經之處……
冷水希三子的生活充滿各種「美味話題」。

從大阪移居到鎌倉這個濱海地區已經三年。自從朋友增加之後，一個月總有好幾次聚餐的機會，這樣的生活聽起來非常愜意。「我會在聚餐時試作新食譜，帶著輕鬆的心情參加。大家一邊吃東西，一邊天南地北聊天真的很愉快，朋友們的共通點就是喜歡吃，所以一夥人感情很好。」她笑著說。

日常生活的料理，以活用當季食材本身原味的簡單食譜為中心。「即使是同種蔬菜，隨著季節不同，味道也會改變，所以每次做菜都得用心。因為烹調方式簡單，食材的優劣更重要，在購買時總要多花點工夫。」隨時打開天線搜尋美味食材，有時到附近市場逛逛，有時也會積極規劃探訪食材之旅。只要有機會到日本各地旅行，一定會順便拜訪農家，每當找到理想食材時，更會親自拜託對方「請讓我用這個做菜」。

一直以來她一步一腳印地探訪農家、重視與人的交流，致力提倡菜園直接到餐桌的料理，這樣的她想要挑戰的就是親自耕種！「等到自己也成為蔬菜生產者時，不知道會做出什麼樣的料理呢？」她一臉期待地這麼說。

Q 擅長的料理領域？
日式料理和西式料理我都會做，並不拘泥於某種領域，或許比較常做的是用橄欖油和鹽簡單調味的蔬菜料理吧！

Q 在什麼樣的機緣下成為料理家？
大學時代看到外文書上的料理圖片，從此希望自己也能做出那樣的菜。我的料理技巧就是在自行鑽研及實際操作下學會的。

Q 料理時最重視什麼？
善用食材原有的味道。無法引出更多味道的時候，又不想要添加物破壞天然滋味，如何保持平衡是很重要的。

1：從以前就喜歡植物，日光充足的陽台上種著許多植物。
2：蕃茄醬、梅子醬等保存食品放在 WECK 密封罐中。
3：在大盤子裡放入乾燥花當作裝飾。
4：因工作所需，家裡有許多器皿。「我喜歡帶點溫暖感覺又低調，裝入料理時就像完成一道作品般的容器。」
5：最喜歡的外國書。除了美麗色彩，書中呈現的料理圖片自然樸實，彷彿切下一塊日常風景的氛圍，對她產生很大影響。

小堀紀代美的拿手好菜 ➡

蕃茄牛肉

【材料】4～5人份

牛肉…100g

菌菇類（蘑菇、鴻喜菇等皆可）…1包

奶油…20g

蒜頭（切碎）…1瓣

黃芥末醬… ½大匙

手指黃瓜…4條

鹽…適量

黑胡椒…適量

｜蕃茄醬｜

奶油…30g

洋蔥（切薄片）…1顆

蕃茄（用熱水燙過剝皮，略切成小塊）…2顆

紅酒醋（也可用白酒醋代替）…2大匙

【做法】

❶ 在鍋中放入奶油，開火加熱，融化後加入洋蔥、撒一點鹽拌炒。

❷ 在另一個鍋中放入剝好皮的蕃茄與紅酒醋拌炒，接著熬煮到份量減半為止。

❸ 在平底鍋中放入奶油與蒜頭，加熱直到蒜頭顏色變深，冒出蒜香後，將牛肉與菇類放入鍋內不要移動，煎出金黃焦酥後再略為拌炒。可用鹽與胡椒調味（鹽不用太多，只要一點提味即可）。

❹ 在❸的平底鍋中，加入❷的蕃茄醬與❶的炒洋蔥，再加入黃芥末醬、手指黃瓜，全部均勻混合並用鹽與胡椒調味。

Favorite item

最喜歡的東西……

1 購於法國跳蚤市場的盤子

「有著優雅圖樣的餐具，會湧現女性特有的溫柔氣質，所以我很喜歡。」稍有深度的盤子比平面的盤子好用，裝盤時也比較方便。

2 有美麗圖片的外國食譜

端上桌的菜總是滿載旅途的精華，除了走訪世界各國，有時看著外國的食譜，就能像實地前往海外旅遊般，從美麗的圖片中獲得料理靈感。

冷水希三子的拿手好菜

燉雞肉與甜椒

【材料】4 人份

雞翅…500g	蒜頭…2 瓣	橄欖油…1 大匙
鹽…1 小匙	蕃茄…3 顆	百里香…5 ～ 6 支
胡椒…適量	甜椒（紅色）…1 個	白葡萄酒…½ 杯
洋蔥… ½顆	青椒…3 個	水…2 杯

【做法】

1. 雞翅先以鹽與胡椒抓醃，放置 30 分鐘以上。
2. 洋蔥切成薄片；蒜頭一瓣壓扁去芯，另一瓣切成蒜末備用；蕃茄用熱水燙過去皮，對半切開，挖掉種籽用篩子濾出蕃茄汁，果肉切成小塊備用；甜椒與青椒切 2cm 塊狀。
3. 在鍋中放入 ½ 大匙油，加入蒜末以小火加熱。飄出蒜香後再加入洋蔥薄片與 1 小撮鹽（不包含於材料份量中），蓋上鍋蓋燜煮 10 分鐘左右，不時打開攪拌，直到洋蔥煮出甜味。
4. 在 3 加入蕃茄塊與濾出的蕃茄汁，蓋上鍋蓋煮約 10 分鐘，用鏟子壓平鍋中食材並攪拌混合。
5. 加入甜椒與青椒，再次蓋上鍋蓋蒸煮約 10 分鐘。
6. 將剩下的 ½ 大匙油放入平底鍋，加入壓扁的蒜頭與百里香，以中火加熱，將 1 的雞翅表面水分擦乾，放入鍋中煎烤表皮。
7. 擦掉平底鍋中多餘油分，倒入白葡萄酒，煮至湯汁份量減半為止。
8. 將雞翅與湯汁倒入 5 的鍋中，加水以中火加熱。沸騰後撈掉浮渣並轉小火，蓋上鍋蓋燜煮 30 分鐘，再用鹽（不包含於材料份量中）調味。

※ 可依個人喜好搭配古斯米（couscous）、水煮油菜花、豆類或其他蔬菜與香草做成的沙拉享用，也可沾哈里薩辣醬（Harissa）吃。

Favorite item

最喜歡的東西……

1 愛用十年的馬克杯

即使擁有眾多杯子，卻總是拿這個馬克杯來用，對它特別喜愛。早上喜歡用來喝咖啡，享受一段悠閒時光。

2 當季的美味水果

非常喜歡吃水果，甚至和朋友們組成水果社團，家中總是備有各種水果，可以當零食吃，也會用來入菜，住在各地的朋友也常寄水果來。

no. 027

料理專家

Salbot 恭子

Salbot Kyoko

曾經是普通上班族，在拜料理家阿姨為師後，於2000年遠赴法國，進入巴黎首屈一指的「Hôtel de Crillon」廚房工作，回國後擔任名廚助手，其後獨立創業，目前主持開設於自家的烹飪教室。著作有《用『Staub鑄鐵鍋』做一人份、兩人份餐點（「ストウブ」でひとりごはん、ふたりごはん）》等。

和家人一起吃飯的時間，是最放鬆的時刻。

重視「食材才是主角，煮的人只是輔助」，每天專注於構思食譜的Salbot恭子，對料理的態度，也表現在與家人共同用餐的時刻。

1：廚房櫥櫃上裝飾著親手做的乾燥花。
2：放在法國製瓦斯爐上的 Staub 鑄鐵鍋，大小形狀齊全，配合不同料理使用。
3：種香草是她的興趣，在庭院裡栽培了月桂、肉豆蔻等約二十種香料，也會運用在料理中。
4：日本傳統的水屋簞笥（廚房櫥櫃）裡收納烹飪教室使用的餐具，整理得有條不紊，方便取用。
5：裝飾在餐廳一角的繡球花。「我喜歡自然之美，毫不做作的顏色與形狀，深深吸引我。」

從玄關進去就能看見包圍在明亮光線下的開放式廚房與餐廳，每天都會花大半時間待在這，有時是傳授法式家庭料理的烹飪教室，有時既是構思食譜的書房，也是實地演練的場所，回過神來才發現，自己老是在廚房裡思考與料理有關的事。

「我會刻意提醒自己要找時間休息，原本打算放空，腦子卻又忍不住開始想：『蕪菁的尾端為什麼要切掉呢？』之類的問題。」這也是她養成的習慣，看到前人制定的食譜作法時，總會先停下腳步思考「為什麼？」唯有先搞清楚理由，才會繼續動手做下去。

「會盡量減去繁瑣的步驟，只留必要的東西，思考如何引出食材原有的顏色、形狀與口感，就是我創作食譜的原點。」

雖然給人「與料理共同生活」的感覺，但她也有忘掉工作、放鬆心情的一刻，那就是和家人一起圍著餐桌的用餐時光。「有時我也會偷懶啊！」她雖然笑著這麼說，其實那是工作之外，特地為家人做的料理。認為「吃的人才是主角」的她，也將這樣的理念表現在家庭餐桌上。

Q 擅長的料理領域？
不管哪一種領域的料理都會嘗試，但最喜歡做也最喜歡吃的，還是能輕鬆享用的法式家庭料理。

Q 在什麼樣的機緣下成為料理家？
阿姨是位料理家，讀大學時曾向她拜師學藝，就是從那時起接觸料理。在即將滿三十歲時開始思考未來，最後決定朝料理之路邁進。

Q 料理時最重視什麼？
隨時提醒自己「食材和吃的人才是主角」。料理人應該配合吃的人發揮食材本色，這樣做出來的就是最講究的料理。

料理專家
細川亞衣
Hosokawa Ai

大學畢業後遠赴義大利，穿梭於餐廳廚房與家庭廚房之間，從各種場合學到一身廚藝，結婚後移居熊本，和陶藝家丈夫及女兒過著三人生活。著作有《食記帖》等書。

原本都先決定好要做什麼才去買食材，現在變得會活用手邊現有材料做菜。

由東京移居到熊本後，日常生活變得完全不同，
細川亞衣十分享受目前的環境，料理的手腕也更靈活了。

1：兩年前安裝的燒柴暖爐，從秋天到春天都能大顯身手。最近很享受直接用薪火炙烤食物的樂趣，用來烤魚香氣倍增，滋味也不同。

2：庭院裡種著各式各樣的香草，很喜歡用香草入菜。

3：從家中窗戶望出去，每天都能看到景色變化。

「從家中窗戶望出去，可以看到花朵慢慢盛開，感受每日時光流逝。」這裡的四季並不那麼分明，相對地每天都能感受大自然的細微變化，因為結婚而移居熊本的細川亞衣笑著說：「沒有比這裡環境更好的地方了。」比起住在東京時經常主動探訪其他城市或人事物，現在的她已經開始過著享受當地生活的每一天。

曾在義大利學料理的她，在東京開設烹飪教室時，總想著「要有義大利的樣子才行」。可是現在卻不斷思考該如何活用熊本的食材，而不是為了做什麼菜才去買菜。舉例來說，若是當天採收了山菜，就以山菜為中心去思考菜色，這是來到熊本之後的最大轉變。

與其發表個人構思的食譜，她說：「我更想透過料理，為自己與其他人、食材及環境帶來更多不同想法。」接觸愈來愈多熊本的當地人之後，「感覺連小孩都是大家幫我一起帶大的。」偶爾也會抽空到戶外的清淨空氣中野餐，這裡的生活沒有時間壓力、輕鬆愜意，或許正因如此，才能做出那麼多特別又美味的佳餚吧！

Q 擅長的料理領域？
由於曾進入一直很感興趣的義大利料理學校學習，所以做西式料理的機會比較多，特別喜歡用香草入菜的料理。

Q 在什麼樣的機緣下成為料理家？
幾乎從早到晚腦子裡都想著料理的事。認識料理家有元葉子對我影響很大，也因此獲得許多工作機會，帶領我走進這個世界。

Q 料理時最重視什麼？
熊本有許多很好的食材，希望能一直發表如何運用這些食材的食譜，透過料理，讓人們感覺幸福。

Salbot 恭子的拿手好菜 →

燉甜椒

【材料】2 人份

甜椒（紅色）…2 個
甜椒（橘色或黃色）…1 個
蒜頭…½ 瓣
洋蔥…½ 顆
蕃茄（熟透的）…1 個
鹽… ½小匙左右
初榨橄欖油 *…2 大匙
切片生火腿（撕碎）…2 片
蛋…2 顆
切片法國麵包…4 片
百里香…2 支
初榨橄欖油（麵包用）…1 大匙

【做法】

1. 甜椒對半切開，去除芯與種籽，垂直切成 1cm 長條，如果覺得太長，可再切成二等分。
2. 蒜頭去皮，垂直切成兩半，挑掉蒜芽與芯，拍扁備用；洋蔥去皮，橫切成兩半，沿著纖維走向切成薄片。
3. 蕃茄挖掉蒂頭，橫切成兩半，去除種籽，切成 3cm 塊狀。
4. 用有重蓋子的鍋子，放入切好的洋蔥、蒜頭和蕃茄塊，撒上 ½ 小匙的鹽，再均勻淋上 1 大匙初榨橄欖油。
5. 放入甜椒條，再淋上剩下的 1 大匙初榨橄欖油，輕輕撒一點鹽（不包含於材料份量中），蓋上鍋蓋。
6. 用中火加熱，等鍋子發出聲音後，轉為偏強的小火，繼續蒸煮 2 ～ 3 分鐘。
7. 打開鍋蓋，上下翻動鍋中食材攪拌均勻，讓蔬菜釋放水分以防鍋底燒焦，再次蓋上蓋子燜燒。反覆以上步驟，共煮 18 分鐘左右，等所有蔬菜都變軟，加入撕成碎片的生火腿，再煮約 2 分鐘。嚐一口湯汁確認味道，如果覺得不夠鹹就再加鹽（不包含於材料份量中）調味。
8. 將蛋打入大碗中，再倒入鍋中並蓋上鍋蓋。蛋的熟度可視自己喜好決定，裝盤時注意不要弄破蛋黃即可。
9. 在碗裡倒入初榨橄欖油（麵包用），再將百里香撕碎加入。把油淋在麵包其中一面，進小烤箱烤，烤好後放在盤子邊搭配食用。

※ 初榨橄欖油（Extra Virgin Olive Oil）是以冷壓方式壓榨、等級最高的橄欖油。

Favorite item

最喜歡的東西……

1 古典或爵士的背景音樂

工作中不可或缺的是以古典或爵士樂為主的背景音樂。「以西洋音樂為中心，各種領域都聽，想讓手中工作跟著節奏進行時，就會選擇比較輕快的歌曲。」

2 「大倉」的杯盤組

上午與下午各為自己設下一次品茶時間，刻意讓頭腦與身體休息。「為了讓自己更悠閒，會用附有盤子的成套杯組慢慢享受喝茶時間。」

no.
028

細川亞衣的拿手好菜 ➡

蛋包飯

【材料】2～3人份

｜蕃茄醬｜

水煮蕃茄…400g

洋蔥…1顆

蒜頭…1瓣

生薑…1片

胡蘿蔔…1條

芹菜…1支

紅辣椒…1條

香草…種類愈多愈好，各取一點

香辛料…種類愈多愈好，各取一點

紅酒醋…1/4杯

食用粗鹽…適量

｜蕃茄炒飯｜

米…1杯

洋蔥（中等大小）…1顆

蒜頭…1瓣

初榨橄欖油…2大匙

鹽…約1小匙

水煮蕃茄（取果肉部分）…100g（約3顆）

｜蛋包｜

雞蛋（1人份）…3顆

鹽…適量

菜籽油或初榨橄欖油…2大匙

【做法】

1. 製作蕃茄醬：將所有蔬菜切薄片，一起放入鍋內，蓋上鍋蓋以中火加熱。煮開後轉小火，一邊煮，一邊不時攪拌混合。
2. 煮到連胡蘿蔔都能輕易壓爛的程度後，將鍋中蔬菜過篩，去除渣滓。換成小鍋，用小火溫熱，使其保持適度稠度。
3. 製作蕃茄炒飯：洗好米後過篩備用；洋蔥和蒜頭切末，和油一起放入已熱好鍋的鑄鐵鍋，仔細拌炒，直到呈現透明狀且飄出甜香。
4. 加入米，再用中火繼續拌炒，若不易翻動，感覺快沾黏鍋底時，可加一點鹽與水煮蕃茄攪拌混合。最後注入與米同等份量的水（不包含於材料份量中），蓋上鍋蓋，以大火加熱至沸騰，再用小火炊煮15分鐘左右，直到水分幾乎收乾為止。
5. 繼續蒸10分鐘，稍微攪拌翻動，以鹽調味。
6. 製作蛋包：打蛋並加入鹽混合攪拌，用中火將平底鍋加熱到滴入油時會冒出輕煙的程度。
7. 倒油，注入蛋汁，大幅度攪拌，煎成鬆軟的半熟狀。
8. 將炒飯裝在盤中，放上剛煎好的蛋包，淋上大量熱騰騰的蕃茄醬就可享用。

Favorite item

最喜歡的東西……

1 土耳其的茶染布等各種老布料

從布料中誕生的獨特美感，為生活增添不少質感。「我喜歡介於亞洲與西方國家之間的氛圍。」

2 在福岡跳蚤市場找到的日本老銅鍋

明明心想「不需要更多鍋子了」，卻又忍不住買下。除了美麗的外觀，具有能烹調多種料理的機能性，也是這個鍋子的魅力之一。

不管是招待客人還是做家常菜，都會忍不住多煮一點，希望每個人吃得盡興開心。

藥袋絹子家經常有客人上門拜訪，
不管是款待客人的料理或日常飯菜，
她最重視的是什麼呢？

no.029

食物搭配專家
藥袋絹子
Minai Kinuko

從女子營養大學畢業後，曾擔任料理研究家枝元奈穗美（枝元なほみ）的助手，於2007年開始獨當一面。活躍於雜誌、書籍、網路與廣告等不同領域，也接受餐飲企業委託開發新的食譜菜色。著有《第一次的Staub鑄鐵鍋（はじめてのストウブ）》。

善於活用食材原味，簡單樸實的料理向來獲得好評，在經常有朋友聚集作客的藥袋家，端出料理招待客人的機會相當多。「在家裡開派對時，都由我負責做料理。無論日式料理、西式料理、異國料理，女生多的時候再加上蔬菜為主的料理……桌上的料理總是什麼種類都有。」

做菜時習慣先考慮到吃的人，像是對方喜歡什麼樣的口味？哪種料理和哪些酒搭配起來比較好吃？一邊如此動著腦筋，一邊決定當天的菜色，不知不覺又會多了好幾道菜。」

「只有我自己吃，或是只和三歲女兒一起吃的時候，我煮東西不大調味。像是水煮馬鈴薯或四季豆之類的汆燙蔬菜，頂多撒點鹽。不過，家裡有客人來訪時，或是和先生一起吃飯的時候，那就另當別論了，會希望大家都能吃到自己喜歡的食物和味道。」

最珍惜每天晚上和先生聊天小酌的時間，她會準備蔬菜、肉、魚，還有味噌湯，擺上滿滿一餐桌的食物。「就算只是下酒菜，也不會只做一道，這麼說來我真的很愛做菜啊！」

Q 擅長的料理領域？
異國料理與運用香辛料、豆類和蔬菜烹調的料理。我從以前就喜歡吃異國料理，果然喜歡吃的東西也會喜歡煮。

Q 在什麼樣的機緣下成為料理家？
大學時在電視節目「料理萬歲！」製作單位打工，畢業後，當時認識的造型師介紹我擔任老師的助手，從此踏入這一行。

Q 料理時最重視什麼？
不浪費食材，做出來的料理一定要吃完！如果做太多剩下的話，就想辦法改造成其他料理，總之一定要看見那些食物通通被吃掉（笑）。

1：櫥櫃上層擺放 Staub 和 Le Creuset 鑄鐵鍋等愛用鍋具，下層放的則是用白蘭地和萊姆酒做的醃梅酒。
2：正將香味誘人的燉菜裝盤。待客時常做這道，用 24cm 的鑄鐵鍋煮最剛好。
3：冰箱上貼著拍立得照片，除了料理之外，還有可愛的貓咪寫真。
4：餐具櫃裡有特地向京都工匠訂製的器皿。雖然大部分造型都很簡單，但最近開始迷上土耳其盤之類，有鮮艷圖樣的餐具。

no. 030

亞洲料理研究家

外處佳繪

Todokoro Yoshie

經營沙龍式烹飪教室「PANDA KITCHEN」，也活躍於雜誌等媒體，除了中藥藥膳外，也曾學習台灣、泰國、韓國的當地料理。著作有《輕鬆在家做！人氣外帶便菜（おうちで簡単！人気のデリおかず）》等。

在日常飲食裡加入各種亞洲菜，用餐變得更愉快有趣了。

外處佳繪從小就經常待在廚房，在大家還不熟悉之前就迷上亞洲料理，一直持續不停地探索箇中魅力。

十幾年前大家還不熟悉亞洲料理的味道時，外處佳繪便已深深著迷。最早開始會對亞洲料理感興趣，是因為在最喜歡的香港電影裡，經常看到大家族圍著大餐桌的用餐光景，引發「我也想做這種料理」的想法。

這時剛好有機會到香港旅遊，便報名參加當地的烹飪教室。香港除了有中華料理外，也可吃到泰國、印度、馬來西亞及新加坡等，各國的特色料理，可說是個「料理十字路口」，一次就能品嚐多國美味。這次經驗拓展了她的料理範疇，使她一頭栽進亞洲料理世界，過起每天研究亞洲菜的日子。

在海產豐富的福井縣海邊出

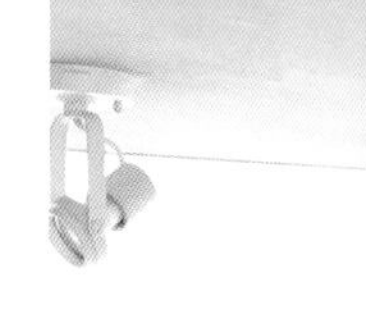

1：廚房邊的牆壁原本就有個凹處，正好用來當作收納空間，存放最愛的茶葉和咖啡。

2：面向廚房的餐具櫃中，整排都是來自中國與台灣等地的各種茶具，光看就覺得心情好了起來。

3：先生親手做的木製餐具櫃，開放式收納砂鍋和蒸籠等器具，也可視為室內裝潢的一部分。

生長大，當然也很喜歡傳統日式料理。不過，她認為在熟悉的日式料理中加入其他國家的元素，除了能增添料理口味，「連生活都會變得有趣起來」。這樣的感想使她逐漸萌生「想將亞洲料理推廣出去」的念頭。

現在她是一間烹飪教室的負責人，每天致力於宣揚亞洲料理的魅力。烹飪教室裡無論做菜或試吃都充滿歡樂熱鬧的氣氛，在這裡度過的是最安心愉快的時光。一邊和大家圍著餐桌享受吃大桌菜的氛圍，今天也面帶笑容站在廚房裡。

Q 擅長的料理領域？

會研究起亞洲各國料理的主因，可能跟很喜歡和一大群人圍著餐桌吃飯有關，而且光把菜餚擺上桌，就覺得很可愛，這也是亞洲料理的魅力之一。

Q 在什麼樣的機緣下成為料理家？

出自興趣研究亞洲料理並做給朋友們吃，沒想到朋友也想學怎麼做，就這樣開始了烹飪教室。

Q 料理時最重視什麼？

應該是思考如何引出食材原有的美味吧！我認為親自到產地，親手挑選食材很重要。

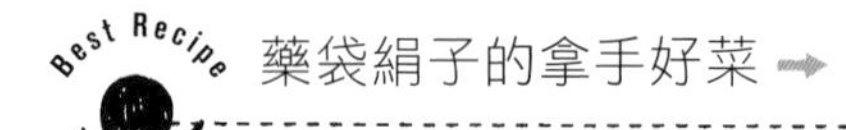

椰奶醬醋燉雞

【材料】4～5人份

雞翅…12支
蒜頭…1瓣
生薑…1片

Ⓐ
醋…½杯
魚露…少於½杯

洋蔥…1顆
四季豆…100g
沙拉油…½大匙
孜然種籽（如沒有也可不用）…1小匙
水…1杯
椰奶…½杯
萊姆、香菜…適量

【做法】

1. 用叉子在雞翅上戳出幾個洞；蒜頭用刀背拍扁切碎、生薑切成薄片備用。
2. 事先將❶與材料Ⓐ放入保存袋內搓揉，靜置一小時到一個晚上。
3. 在鍋中放入油與孜然種籽，以中火加熱，再放入切成薄片的洋蔥拌炒。炒軟之後，將❷的材料連同湯汁，一起倒入鍋中。
4. 加水煮沸，撈去浮渣，蓋上鍋蓋但不要蓋緊，留下一道縫隙。以小火熬煮40分鐘左右。
5. 加入椰奶和四季豆，再重新煮開一次。
6. 裝盤後，依個人喜好擠上萊姆汁、撒一點香菜。

Favorite item

最喜歡的東西……

1 「Flying Tiger Copenhagen」和「IKEA」的餐巾紙

買了很多這類價格實惠的餐巾紙，招待客人時會拿來用，也有適合小朋友的圖案。和餐具一起妝點餐桌。

2 購於丹麥的花瓶

設計獨特的花瓶，可在每個瓶口各插一朵花。房間裡只要插點花，心情就會平靜。她說：「我喜歡用最愛的非洲菊和當季鮮花裝飾室內。」

外處佳繪的拿手好菜 ➡

韓式生菜包肉

【材料】2～3人份

豬肩里肌……12片

芹菜…100g

大葉擬寶珠（一種山菜，也可以換成自己喜歡的蔬菜）…6支

鹽…少許

料理酒…½大匙

韓式味噌烤肉醬…2大匙

生菜萵苣…12片

｜白蘿蔔與蘋果做的沾醬｜

白蘿蔔…80g

蘋果…⅙顆

魚露…1小匙

醋…1小匙

【做法】

1. 白蘿蔔和蘋果切細，淋上魚露與醋，放置10分鐘後瀝乾多餘水分；生菜萵苣洗淨擦乾。
2. 蒸煮前先用廚房紙巾擦乾豬肉，蒸熟後就不會浮出渣滓。芹菜、山菜皆切成3等分，在較厚的鍋子（開口較大的鍋子或平底鍋也可以）底部鋪上山菜莖，再用肉片捲起芹菜莖放上去，排成圓形。
3. 撒一點鹽和料理酒，蓋上蓋子用中火加熱到沸騰。沸騰後將火力調小，繼續加熱約6分鐘。肉蒸熟後，將芹菜葉與山菜葉鋪在最上面，蓋上蓋子快煮30秒後熄火。將整個鍋子直接端上桌，可沾❶的白蘿蔔蘋果醬或韓式味噌烤肉醬，再用生菜萵苣包來吃。

Favorite item

最喜歡的東西……

❶ 台灣樂團「蘇打綠」的音樂

為外處佳繪帶來每日活力的，就是台灣樂團「蘇打綠」的音樂。喜歡他們已有七年左右，是日常生活最常愛聽的音樂，她開心地說：「聽他們的歌是我重要的活力來源。」

❷ 來自中國及台灣等地的各國茶葉

喝別人泡的茶是一件很開心的事，無論在烹飪教室或招待客人時，一定會泡茶給大家喝，也因此忍不住買了許多茶具。

喜歡花時間、花心思做好吃的菜，而且特別喜歡越南料理。

從食譜上無法感受的色香味，
希望學生們能從烹飪教室帶回家，
高谷亞由認為享受美食是人生不可或缺的一部分。

no. 031

料理研究家
高谷亞由
Takaya Ayu

越南＆泰國料理講師，在京都開辦「烹飪教室 Nam Bo」的同時，也活躍於書籍、雜誌等廣泛領域。著作有《美味只需15分鐘！越南＆泰國飯菜（15分でうまっ！ベトナム＆タイごはん）》《想用完的調味料 BEST10！（使い切りたい調味料ベスト10！）》等。

1：活用階梯下方空間的收納櫃，收藏了許多購自越南與泰國的器皿及餐具。
2：掛出一排廚具，採展示型收納的方式。
3：架上排滿購自越南與泰國的玻璃杯，招待客人時，為了讓客人有賓至如歸的感覺，會讓大家挑選自己想用的杯子。
4：自認也是公認愛喝酒的高谷亞由，將空酒瓶當作擺飾。

因為太喜歡越南，連工作都選擇能透過料理將越南魅力介紹給大家的料理研究家。

「越南無論工作或生活的步調都很慢，感覺時間也過得很慢，越南人的性格也是，說好聽點是大而化之，說得不好聽就是敷衍隨便（笑）。這樣的性格也反映在料理上，我覺得自己好像很適合這種悠哉的步調。」

相對地，日本料理講求「省時」和「效率」。「當然，既然現在住在日本，我也認為省時與效率是有必要的，不會堅持『絕對不能那麼做！』但是正因為日本的生活節奏快，更需要在忙碌生活中做些需要多花點時間和心力的料理……讓生活多點越南式的悠閒不也挺好的嗎？」

雖然這麼說，她也不是一面倒地只做越南菜，晚上在家小酌時，也會做些日式下酒小菜，早上通常吃麵包，假日則經常煮義大利麵或烏龍麵。「我的料理沒有『非怎樣不可』或是『沒有什麼就不行』的嚴格規定，因為我就是喜歡隨性的感覺嘛（笑）！我也會跟烹飪教室的學生說：『不用在意是否完全按照食譜，可以按自己喜好斟酌。』」字面上的意思看來雖然有點隨便，但這就是她從越南這個國家學到的生活哲學。

Q 擅長的料理領域？
越南、泰國料理。現在網路上很容易買到越南食材，在家想要輕鬆重現道地口味一點也不難。

Q 在什麼樣的機緣下成為料理家？
原本就喜歡吃，對烹飪與食材也很有興趣，一邊上大學還一邊上調理師學校，就在這段期間去了越南旅行，從此深深愛上越南。

Q 料理時最重視什麼？
做出在家也能忠實重現的道地食譜。希望大家都能做出好吃的料理，所以盡量不用日本買不到的食材。

no. 032

料理研究家
口尾麻美
Kuchio Asami

曾任職流行服飾公司與義大利餐廳，之後獨立創業，透過烹飪教室、書籍與雜誌發表從旅遊中獲得靈感而創作的料理。著有《塔吉鍋香料食譜——輕輕撒下一把香料（タジンポットでスパイスレシピ——さっとひとふり）》等。

希望透過最愛的料理，跟許多不同的人相遇。

從飄散異國氛圍又充滿玩心的廚房裡，
誕生一道道光看就讓人開心的料理……
她的料理原點其實就是「媽媽的味道」。

「自己最喜歡的，終究還是母親的味道，長年來始終為家人付出的味道是我永遠比不上的。」這也是為什麼她不斷追求各國「媽媽味道」的理由。

開始製作異國料理的起因，是來自為先生公司同事做外送便當的經驗。從接到訂單到採購食材、搬運料理，全都由她一人完成。因為「想讓大家的午餐時間過得很歡樂」，於是將菜單定為包括碎肉咖哩在內的異國料理。該怎麼將完成的料理送到公司，才能讓大家好好享用，嘗試了很多方法，從錯誤中不斷改善。比方將古斯米和湯分開裝，吃的時候再一起吃等等。

「知道有人期待吃我的便當，是一件很高興的事。」獲得「口兒便當」暱稱的外送便當持續了大約六年，在許多吃過便當的人要求下，週末的烹飪教室也正式展開，就因為這樣的行動力，讓她走出一條全新道路。

「我希望能透過料理認識各式各樣的人。」即使國籍不同，只要透過料理就能心意相通，也能獲得新的想法，今後也想繼續旅行、認識更多人、探尋更多屬於家庭的味道。當接觸的世界愈寬廣，她的小廚房也能誕生愈多歡樂的料理。

Q 擅長的料理領域？

最近應該是南印度料理吧！我和上課超過 10 年的瑜伽教室合作，配合瑜伽主題推出創作料理。

Q 在什麼樣的機緣下成為料理家？

辭去服飾公司的工作後，進入義大利餐廳修行了半年。第一次有「料理家」自覺，是在 2008 年出版第一本書的時候。

Q 料理時最重視什麼？

做菜的人的「氣」會融入料理之中，所以我認為做菜時的身心狀態很重要，這也是料理深奧的地方。

1：廚房邊的架上放著書籍與雜貨，其中特別引人注意的就是塔吉鍋造型小容器。自從對先生出差買回來的小塔吉鍋一見鍾情後就愛上了這款鍋具。

2：廚房基本上採展示型收納，也經常改變配置。

3：擁有各種不同款式的塔吉鍋。

高谷亞由的拿手好菜

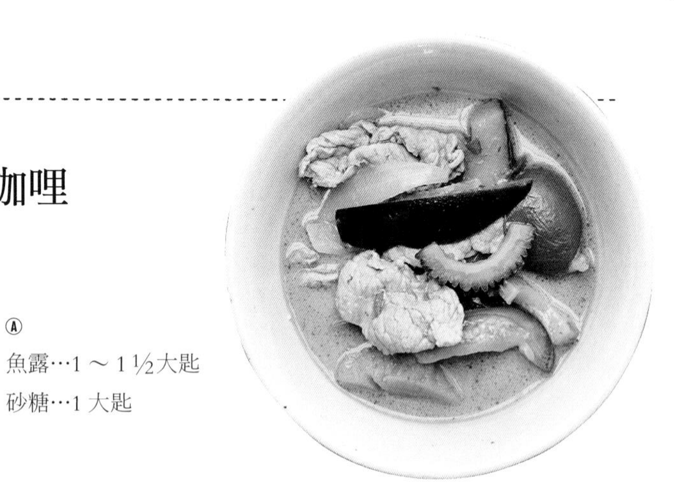

滿滿夏季蔬菜的泰式咖哩

【材料】4～5人份

茄子…1條
苦瓜…10cm
南瓜…80g
洋蔥…½顆
蕃茄…1顆
蒜頭…1瓣
生薑…1片

豬肉片…150g
沙拉油…2大匙
豆瓣醬…1小匙
咖哩粉…1小匙
椰奶…1杯
水…1½杯
白飯…適量

Ⓐ
魚露…1～1½大匙
砂糖…1大匙

【做法】

1. 茄子去蒂，垂直對半切開，再分切成6～8等分，放入冷水浸泡；苦瓜垂直對半切開，取出種籽與瓜囊，切成3mm薄片；南瓜切成1cm寬的一口大小、洋蔥切成扇形、蕃茄切不規則塊狀、蒜頭與生薑切碎備用。
2. 鍋中放油，蒜頭、生薑以小火加熱。等飄出蒜薑香氣，依序加入豬肉片、瀝乾水分的茄子、洋蔥拌炒，最後放入豆瓣醬與咖哩粉，持續炒到全部食材都均勻沾附醬料為止。
3. 在鍋中加入1½杯水與椰奶，轉大火續煮，煮到湯汁冒泡後改小火，加入南瓜再煮15分鐘左右。待鍋中所有蔬菜都煮熟，再加入苦瓜與蕃茄續煮3分鐘。
4. 最後以材料Ⓐ調味，盛盤後搭配白飯一起享用。

Favorite item

最喜歡的東西……

1 慢跑鞋

最近開始嘗試慢跑，據說經常在跑步時浮現做菜的靈感，有時也會趁這段時間整理思緒。「慢跑是很好的情緒轉換。」她似乎樂在其中。

2 享受晚酌的酒器

因為工作幾乎都在家，所以希望能明確區分出工作時間與休息時間。「喝著好喝的酒，放鬆身心的時刻，就是我的休息時間。」

Best Recipe 口尾麻美的拿手好菜

適合配飯的高麗菜捲

【材料】4 人份

高麗菜…12 片（約一顆，剩下的菜葉不要丟掉）

牛絞肉…80 ～ 100g

洋蔥（切碎末）… ½顆

米…100g

水… ½杯

橄欖油（奶油也可以）… 2 大匙

Ⓐ

蕃茄醬（若使用蕃茄泥，可加入一些砂糖會更美味）…2 大匙

鹽…1 小匙

胡椒…少許

巴西里（切碎）…適量

松子（若沒有也可以不放）…適量

｜優格醬｜

原味優格…250cc

鹽… ½小匙

蒜頭（磨成泥）… ½小匙

檸檬（擠成汁）…1 片

【做法】

1. 處理高麗菜：洗淨後用小刀挖掉葉芯，整顆放進鍋中，芯的部份朝上，不時壓入鍋中水煮。煮軟後從外側剝除菜葉，芯則用冷水泡涼後用小刀削薄。
2. 製作優格醬：將優格醬的所有材料混合，放進冰箱冷藏備用。
3. 製作菜捲內餡：在平底鍋中熱油，加入洋蔥炒至柔軟，再放絞肉，拌炒到肉變色後加入材料 Ⓐ 和米繼續拌炒。待米炒至透明狀，加入½杯水，用中火炊煮至水分收乾（米飯還是硬的也沒關係）。
4. 將內餡盛在大平盤上，分成 12 等分。
5. 將 1 的高麗菜葉攤開，用湯匙舀起內餡放在葉片上，捲起呈小圓柱狀。
6. 將包剩的高麗菜葉鋪在鍋底，排上捲好的高麗菜捲，加入差不多蓋過食材、大約 2 ½ 杯的水及少許鹽（皆不包含於材料份量中），再將剩下的菜葉（水煮過的）蓋在最上面，蓋上鍋蓋加熱。沸騰後繼續用小火～中火燉煮 20 ～ 25 分鐘，直到餡料內的米飯熟軟就完成。
7. 上桌後淋優格醬一起享用。

Favorite item

最喜歡的東西……

1 拍攝料理照片愛用的單眼相機

做好的料理一定會拍照，旅行時也一定會帶上相機。將來打算用自己拍的照片出版食譜書，現在正努力學習中。

2 從以前用到現在的食譜書

從小就經常翻閱的是《手拙的人（ぶきっちょさん）》系列甜點書，還有上野萬梨子以及 Patrice Julien 的食譜，直到現在仍經常拿起來看。

no.033

料理研究家

井口和泉

Iguchi Izumi

現居福岡，曾在代官山「IL PLEUT SURLA SEINE」學習法式甜點與料理。除了經營烹飪教室外，也為各類活動提供料理，並經手商品開發的工作，發表不少與餐桌飲食相關的文章。興趣是製作保存食品和野餐。擁有狩獵執照。

喜歡觀察各種食材，慢慢變化為餐桌上一道道佳餚的過程。

繞了遠路才終於抵達料理世界，
沉迷於可自由發揮的料理魅力，
井口和泉日日都在發掘食材的嶄新可能性。

「生活中的百分之八十都是料理。」井口和泉一臉樂在其中的模樣，不過在踏上料理這條路前也曾遭遇挫折。受到曾經放棄美術這段過往的影響，對她而言，留下作品反而是件痛苦的事，然而她還是喜歡用雙手創作，這時腦中自然浮現的就是料理。「因為做出來的東西不會留下，又可以和大家一起享受品嚐的樂趣。」

為了學作甜點，她往返於福岡和代官山之間，一段時間後，家鄉出現希望向她學習的聲音，於是在福岡開設了甜點教室，教學時因為做了簡單輕食給學生吃，結果又被要求傳授輕食的作法，到最後，料理反而取代甜點，成為主要的教學課程。

她自己也說：「料理的自由空

1：溫暖日照下的餐廳，餐桌上放著以常備菜為主的菜餚。
2：窗邊有可愛的小鳥裝飾品，全家都很喜歡鳥為主題的擺飾，只要看到就會買回來。
3：真的太喜歡做菜，經常回過神來才發現已在廚房待了一整天。

間比較大。」從料理上獲得和做甜點時全然不同的感動，即使做的是相同的料理，有時也會下一番工夫，或是配合食材狀態改變作法，感覺就像「和食材對話」一樣。針對各種食材進行不同處理或烹調很有趣，她希望能讓更多人知道這一點。

平常除了料理之外，最感興趣的就是享受野餐與喝茶的樂趣，她形容喝茶就像是「生活中的標點符號」，有時也喜歡到住家附近的海邊、河邊或田邊走走。除了料理之外的時間，也要盡最大限度享受生活，如此一來，新的料理靈感又會從中誕生。

Q 擅長的料理領域？
擅長保存食品及運用保存食品做菜的方式，最近熱中於用魚乾做料理。沉迷於思考如何多花點心思讓料理更美味。

Q 在什麼樣的機緣下成為料理家？
學做甜點時，發現自己其實是喜歡吃完料理後吃甜點的這整個過程，因為察覺到這點，才慢慢進入料理的世界。

Q 料理時最重視什麼？
不要加入多餘的情緒。如果希望吃的人說「只要吃到妳做的菜就會充滿活力」，那麼做料理時的自己就必須是有活力的。

希望能讓更多人知道，做菜的樂趣與享用美食的喜悅。

過去原本從事完全不同工作的森崎繭香，因感受到享用美食與做料理的幸福，促使她踏進飲食的世界。

no.034

甜點與料理研究家
森崎繭香
Morisaki Mayukya

曾擔任過大規模的料理學校講師、甜點主廚，也有在法國料理與義大利料理餐廳廚房工作的經驗，目前致力於為餐飲企業開發食譜、餐飲店設計菜色的工作。著作有《簡單的杯湯形式！湯品料理書（カップスタイルで簡単！スープの本）》www.mayucafe.com

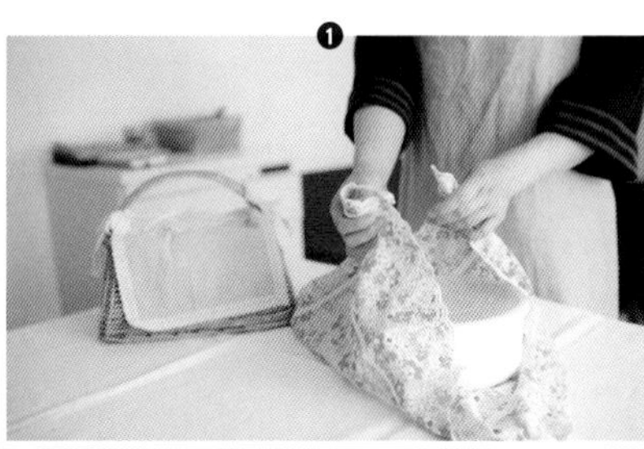

1：經常參加每人帶一道菜的派對，如果開車前往，會將整鍋湯或西班牙大鍋飯連鍋子一起帶去，享受端上桌時眾人的歡呼聲。

2：廚房調理台上不放多餘的東西，但是會用綠色植物打造舒適空間。

3：在家開派對時，會視料理的種類、數量與現場氣氛，決定是否採取自助式。

4：做好的大量燉煮料理用珐瑯鍋保存，要吃時就能直接加熱，很方便。

5：冷湯容易感覺口味太重，烹調時會斟酌減少鹽分。

「在進入飲食與料理的世界前，我過著除了工作之外什麼都沒有的生活，心想至少假日時要做點自己感興趣的事，進而開始思考自己真正喜歡的到底是什麼，得出的答案就是製作甜點。」

因為過度工作，健康亮起紅燈的她，為了轉換心情而開始做料理，沒想到漸漸愛上烹飪和享用自己親手做的料理，又萌生以製作甜點為業的念頭，從此踏入這個世界。在專門學校學習甜點技術、在咖啡廳工作累積經驗，慢慢地一頭栽進西式料理的領域。

最想傳遞「做料理的樂趣」，正因有過在忙碌生活中做料理的經驗，深知其中辛苦，才更明白料理的樂趣所在。食譜總是選用容易買到的食材，不使用過多調味料，盡量做出單純的料理，只要聽到一句「好好吃」、「家人都很喜歡」，就會成為活力來源。

現在的森崎繭香，帶著喜悅的表情告訴我們她很喜歡自己的工作，今天也為了將動手做菜與品嚐美食的幸福滋味傳遞出去，一心努力鑽研食譜。

Q 擅長的料理領域？

擅長西式料理與甜點製作，尤其燉煮料理和湯品等，只要利用身邊容易取得的食材，就能享受在家料理的樂趣，這是我最得意的部分。

Q 在什麼樣的機緣下成為料理家？

原本從事和飲食完全無關的工作，沒想到會因為健康出問題，想要轉換心情而開始學做料理，因此越來越著迷。

Q 料理時最重視什麼？

儘管做的是西式料理，還是盡可能選擇平常容易買到的食材，會特別注意不要調味過重，提醒自己做出單純的料理。

Best Recipe 井口和泉的拿手好菜

油封雞腿

【材料】方便一次做好的份量

雞腿肉（盡可能帶骨）…2片
鹽…雞肉重量的1.5%
黑胡椒…適量（可充分使用）
白葡萄酒…1大匙
月桂葉…1片
百里香（或迷迭香）…1支
蒜頭（剝皮縱切去芯）…1瓣
橄欖油…適量

【做法】

1. 雞腿肉用50℃熱水浸泡洗淨，放在網子上瀝乾，並將表面水分擦拭乾淨。用鹽與黑胡椒搓揉使其入味，放在網子上靜置15分鐘，一滲出水分就立刻擦掉。淋上白葡萄酒，撒上月桂葉、百里香與蒜頭，包上保鮮膜放進冰箱醃一個晚上。
2. 將醃好的雞肉整齊排在耐熱容器內，注入差不多可以蓋過食材的橄欖油。將容器放進已冒出蒸氣的蒸籠，用偏強的中火蒸1小時。因為水分會一直蒸發，需隨時注意補充蒸籠裡的熱水。蒸好之後連肉帶油放涼，再置入冰箱保存。

※ 吃的時候從油中撈起雞肉，不用另外加油，直接放入平底鍋兩面煎烤，直到雞皮酥脆即可食用。剩下的油可用來炒馬鈴薯配著吃，雞肉也可和檸檬與水芹菜一起搭配享用。
※ 如果不用蒸籠蒸，可放進較厚的鍋子，蓋上鍋蓋再送進預熱90～100℃的烤箱烤約1小時。又或是直接放在瓦斯爐上以小火慢慢加熱，注意不要讓油煮沸，持續加熱1小時。

Favorite item

最喜歡的東西……

1 包括最愛的「Kelly Kettle 水壺」在內的野餐籃

裡面裝什麼一目了然的野餐籃，其中的Kelly Kettle水壺有著牛奶罐般可愛外型，最大的魅力是只要找到一些小樹枝生火，就能直接用它燒開水。

Best Recipe 森崎繭香的拿手好菜

白鳳豆法式濃湯

【材料】6人份

乾燥白鳳豆…150g
※也可使用水煮白鳳豆罐頭…1罐（約400g）
洋蔥…½顆
鹽…1撮
白葡萄酒…1大匙
橄欖油…適量

Ⓐ
水…1杯
高湯…½小匙
月桂葉…1片

無糖豆漿…1¾杯
（可依喜好斟酌）
肉豆蔻…少許
鹽、粗粒黑胡椒…各少許
杏仁堅果（切碎）…少許

【做法】

1. 白鳳豆快速洗淨後，以4杯水（不包含於材料份量中）浸泡一個晚上。隔天不用換水直接加熱，沸騰後煮約1～2分鐘，撈掉浮渣。加入新的水（不包含於材料份量中）再加熱，沸騰後轉小火續煮40～50分鐘，豆子煮軟後放涼瀝乾。
2. 洋蔥以與纖維垂直的方式切薄片。
3. 在鍋中熱油，加入洋蔥與鹽，以小火拌炒，炒軟後加入煮軟的白鳳豆快速拌炒。再加入白葡萄酒，沸騰後再加入材料Ⓐ，再次煮開後轉小火續煮15分鐘。
4. 稍微放涼，取出月桂葉，剩下的材料用食物處理機打成濃稠狀，再放回鍋中。分次逐步加入無糖豆漿，一邊攪拌一邊加熱，再加入肉豆蔻與鹽調味。若想喝冷湯，等稍微放涼後即可放入冰箱，上桌前撒上切碎的杏仁堅果和黑胡椒。

Favorite item

最喜歡的東西……

1 「野田琺瑯」的白色系列圓形容器

附有蓋子的密閉容器，搬運湯品或燉煮料理時很方便。不但能直接在火上加熱，可裝四人分的大容量也是優點之一。

2 「百靈牌（Braun）」食物攪拌器

只要有這個就能輕鬆做出法式濃湯，是料理湯品時的必需品。體積小又能直接伸進鍋中使用，是她少不了的烹飪工具。

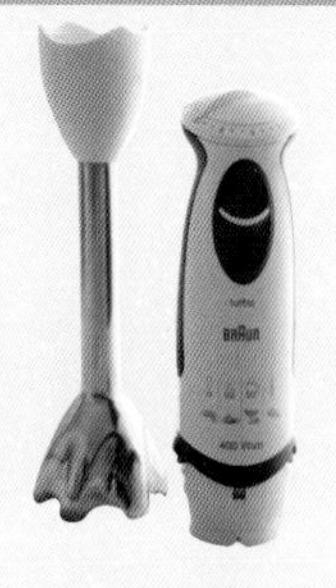

運用當季蔬菜與食材，搭配組合出各種菜色。

為了做出均衡營養的食物，
廣澤京子習慣做完菜之後再回頭確認
餐桌上每道料理的色彩與口感。

no.035

食物搭配專家
廣澤京子
Hirosawa Kyoko

畢業於大阪的辻調理師專門學校，曾擔任料理人助手，之後獨當一面。2009年將工作據點遷移到福岡，活躍於廣泛領域。著作有《以物易物（こうかんぶつぶつ）》、《筑後料理家紀行（ちくご料理家紀行）》等。www.cookluck.com

從大阪辻調理師專門學校畢業後，先在東京的餐飲店工作，之後投入食物造型師門下學習。因結婚的關係，將工作據點轉移到福岡縣糸島市。住家是先生親自設計的獨棟平房，附設的工作室極度重視收納，形成一處給人清爽印象的洗練空間。

從食譜製作到食物造型，廣澤京子活躍於廣泛領域。擅長使用當季食材，發揮食物本身特有魅力，做出來的料理種類也很豐富，有時是義大利麵，有時是異國料理。受邀到朋友家聚會時，看她帶去的料理，竟是連同「Staub鑄鐵鍋」整鍋帶去的雞肉咖哩，還會不怕麻煩配上蕃茄、馬鈴薯泥、洋蔥末……等配料。「雖然都是簡單的配料，但全部擺上桌時，餐點看起來會更豐盛熱鬧，還可享受加入不同配料時的口味變化呢！」

她從2014年4月開始定期開辦教學午餐＊。「不光是教食譜上的東西怎麼做，而是讓大家一邊用餐一邊討論食材、廚具和調味料等，我想設計這樣的烹飪課程。」聽起來就非常有趣。

「工作之外，我也會和四歲兒子一起將繪本裡出現的甜點實際做出來喔！有客人來訪時，總是要準備一些甜點待客嘛！」就像這樣每天享受著日常生活中的美味食物，珍惜與人分享的快樂，持續散播食物的魅力。

※教學午餐是一種可當場作為午餐享用的烹飪課程。

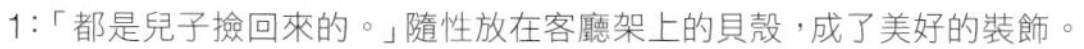

1：「都是兒子撿回來的。」隨性放在客廳架上的貝殼，成了美好的裝飾。
2：客廳架子用來擺放經常使用的物品。
3：先生設計的餐具櫃，擺了別人送的水果和蠟燭。
4：為了確保做菜時有足夠空間，廚房周圍盡量不放東西。「配合動線將碗類放在流理台下方，鍋子和調味料則收納在瓦斯爐下方。」
5：冰箱上的空間用來收納蒸籠與簍子等，天然素材做的生活用具。

Q 擅長的料理領域？
使用當季蔬菜做的料理。有時做義大利麵，有時也會烹調香料口味較重的異國風味料理，不過這些料理中都有日式的基礎存在。

Q 在什麼樣的機緣下成為料理家？
原本就很喜歡看食譜或烹飪節目，就讀短大時得知有食物搭配師這個職業，便去上了相關的專門學校。

Q 料理時最重視什麼？
活用食材原本滋味，像是口感、食物顏色、料理之間的組合、上菜順序等等，綜合以上條件來構思食譜。

配合身體狀況選擇該吃的菜，這是源自韓國的傳統智慧。

北坂伸子的料理可以攝取到大量蔬菜，
不但兼顧健康還能養顏美容，
料理創意來自於韓國。

no. 036

料理專家
北坂伸子
Kitasaka Nobuko

曾在韓國首爾生活，將這段經驗運用在回國之後開設的烹飪教室。以料理家身分提倡適合日本人口味的韓國料理，活躍於各大媒體。著作有《韓流美女食譜（韓流美女レシピ）》等。www.naccoku.com

因為先生工作的關係，北坂伸子在韓國生活了很長一段時間。處於動不動就在家宴請客人的韓國文化薰陶下，她學會先做好許多常備菜以便隨時招待。

「原本就很喜歡吃蔬菜，攝取大量蔬菜後，隔天早上會覺得身體很清爽，沒有負擔。韓式料理蔬菜多，我想改用日本食材做出這樣的料理，推廣給更多人。」

每週從有機菜園訂購新鮮蔬菜宅配到家，遇到同種類蔬菜特別多的狀況時，熟悉的韓國醬料及料理作法，就能在此時派上用場。配合身體狀況選擇加入料理的蔬菜，也是從韓國學到的傳統智慧。

令人意外的是，她不但是位料理專家，還是位書法老師，用毛筆親手寫下的菜單總是觸動人心，對她的料理更會滿懷期待。

「很多人稱讚我『妳什麼都會』，其實我就只會這兩件事（笑）。無論書法還是料理，對我來說都是用作品表達內心的想法，至今我對這兩件事仍充滿興趣，沒有結束的一天。做的時候雖然是一個人默默地做，完成後卻能親眼看到對方反應，這也是料理與書法的魅力所在。」

Q 擅長的料理領域？
加入日式口味的韓國料理，多半是使用許多蔬菜的料理，感覺就像蔬菜是主角，魚和肉只是配角的料理。

Q 在什麼樣的機緣下成為料理家？
因為住在韓國很長一段時間，回國後開始教朋友做韓國菜，慢慢拓展了這方面的工作。

Q 料理時最重視什麼？
無論是蔬菜也好，魚肉也好，一定使用當季食材，這是不容妥協的，畢竟吃對季節比較健康又美味。

1：用大量蔬菜做成常備菜，或是用料理剩下的蔬菜做醬料，就算家人喜歡的口味各不相同，也會想辦法讓每個人都吃到喜歡吃的東西。
2：儲備了紅棗、長蔥根等具有藥效的食材，無論加進飯菜或泡茶喝，都能發揮作用。
3：基本上料理味道不要太重，就可以分裝給每個人後再用醬料調味。餐桌上總是擺滿多種手作醬料。
4：家中裝飾著季節植物，選用品味出眾的韓國家具及餐具。

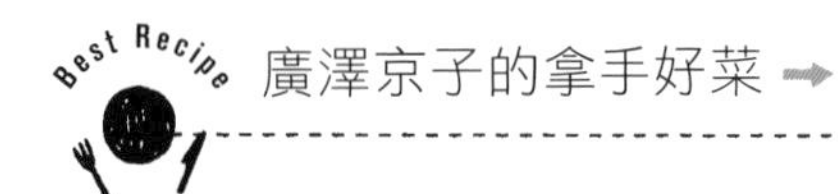

雞肉咖哩

【材料】方便一次做好的份量

雞腿肉…2片（580g）
蒜頭（磨成泥）…1瓣
鹽…1小匙
薑黃…1小匙
洋蔥…1顆
蕃茄（大顆）…1顆

Ⓐ
孜然粉…1小匙
芫荽粉…1小匙
辣椒粉…1小匙
薑粉…1小匙
黃芥子…1小匙

生薑（磨成泥）…1大匙
水…300cc
原味優格…200cc
鹽…1小匙（最後調味用）
辣油…少許
沙拉油…2大匙

【做法】

1. 雞腿肉切成一口大小，放入大碗中，加入蒜泥、鹽、薑黃，用手輕輕揉搓。洋蔥切碎、蕃茄切丁備用。
2. 在鍋中熱油，加入材料Ⓐ快速拌炒，加入洋蔥轉偏弱中火續炒。
3. 洋蔥炒軟變色後，加入雞肉繼續拌炒，最後加入蕃茄與生薑泥，再炒一會兒。
4. 蕃茄融成湯汁後，加水煮沸，撈去浮渣，將火稍微轉弱，再煮20分鐘。熄火後直接放置一個晚上。
5. 加入原味優格煮15分鐘，完成前撒上鹽與辣油，攪拌混合。
6. 在餐盤盛飯（不包含於材料份量中），淋上雞肉咖哩，搭配喜歡的配料一起享用。

Favorite item

最喜歡的東西……

1 「NEAL'S YARD」的洗手乳與護手霜

日常生活或工作中，也希望能被喜歡的柑橘類香氣包圍，工作結束後則塗上同系列的護手霜，用香氛放鬆身心。

no.
036

北坂伸子的拿手好菜 ➡

沙拉風味的酒蒸白肉魚

【材料】4～5人份

白肉魚（如鱈魚、比目魚、鯛魚、鱸魚、石斑等）…1塊

鹽、胡椒…適量

料理酒…1大匙

柚子皮…隨喜好加入少許

Ⓐ

高麗菜…1/6顆

長蔥…1/3根

蕪菁…1顆

Ⓑ

甜椒（黃色）…1/4個

橘醋…適量

柚子胡椒…適量

【做法】

❶ 白肉魚切成3等分，抹上鹽與胡椒靜置約15分鐘。

❷ 高麗菜切成一口大小、長蔥斜切成薄片、蕪菁切成薄扇形；甜椒對半切，去除種籽再垂直切成7～8cm長條。

❸ 在耐熱盤中放入材料Ⓐ的蔬菜與白肉魚，撒上胡椒、淋上料理酒，用保鮮膜包起後以微波爐（600W）微波4～5分鐘（也可以用蒸籠蒸）。

❹ 將材料Ⓑ混合均勻，淋在❸的魚肉上，再隨個人喜好加入切細的柚子皮。

※也可以撒一點香菜、滴上魚露和檸檬汁，做成異國料理口味。

Favorite item

最喜歡的東西……

① 固定使用的四種食器

白瓷、青瓷、玻璃、三島（一種韓國食器），是用來襯托料理，固定使用的四種器皿。材質和收納的便利性，也是選用的重要因素。

② 已愛用7、8年的大土瓶*

每天早上泡茶時不可或缺的大土瓶。配合身體狀況，時而喝薏仁茶，時而喝紅豆水，有時也會用山百合根泡茶喝。

※大土瓶是一種陶製日本傳統食器，用途多半為茶壺或酒壺。

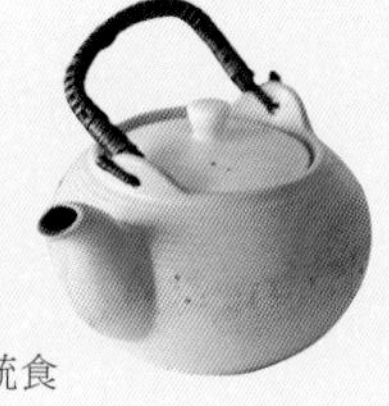

一進門就好像置身海外
充滿「旅途風情」的空間，
更希望讓人吃到這裡的美味料理。

在長野親手栽種蔬菜，
現在甚至連房子都自己蓋！
大竹家充分享受超原始的自然生活。

no. 037

「le petit marché」老闆
大竹明郁
Otake Aiku

在名古屋的義大利餐廳工作過，後來遷居長野縣伊那市，在這裡經營使用自家栽培、無農藥蔬菜的歐洲鄉土料理餐廳，兼西洋藝品店「le petit marché」，同時營運一天只接待一組客人的供餐民宿「山小屋 mökki」。

1：慵懶放鬆的客廳。獨特的茶色牆壁，是喜歡天然色澤的一家人合力完成的。家中除了貓，還養了狗、山羊、烏骨雞。
2：店裡不可或缺的各種尺寸鍋具。
3：令人印象深刻的藍色鍋子，用來烹調燉煮類料理。

「不只是好吃，還希望吃的人能從中感受到一股不知身在何方的『旅途風情』。如果能在這種情調下覺得美味，那就太好了！」在長野縣山中經營歐式鄉土料理餐廳的大竹明郁這麼說。朝窗外望去，一切都屬於大自然，這位老闆講究的不只是料理，對空間也有他的堅持。

「製作食材也是料理的一部分。」抱著這種想法開始耕田種菜，現在一年可收成的蔬菜種類超過三十種，收成那一刻他顯得十分開心。「尤其是菇類，因為可以一次大量採收，每次找到都高興得不得了。」臉上掛著燦爛的笑容說：「熱愛每樣食材，做出來的料理自然會很好吃。」正如他所言，從種菜開始把每個步驟都看得很重要。

非常喜歡料理與烹飪的他，也很懂得享受做菜之外的時間，雖然現在住在餐廳閣樓，但是從三年前就開始動手蓋一家人要住的房子，一點一滴親手打造，未來的家正逐漸成型。「雖然還不知道什麼時候會蓋好（笑）。」

形容目前生活「隨時都很幸福」的大竹明郁，今後也準備展開各種新事物。

Q 擅長的料理領域？

西餐，特別喜歡義大利麵，對我來說，做義大利麵可能是最開心的時候（笑），私底下也很喜歡吃中式料理。

Q 在什麼樣的機緣下成為料理家？

從小就喜歡做菜，二十幾歲時開始想做些能創造東西的工作，因為喜歡義大利麵，就選擇義大利料理了。

Q 料理時最重視什麼？

從菜刀切下去那一刻起，一道料理就此展開，當中每個步驟都很重要，所以做之前我會先在腦中想像許多次。

大竹明郁的拿手好菜 ➡

煙花女義大利麵（Spaghetti alla Puttanesca）

【材料】4～5人份

義大利麵條（乾麵）…180g（1人45g）
純橄欖油…3大匙
蒜頭…2瓣
小紅辣椒（去籽）…2條
鯷魚…2片
酸豆…1大匙
黑橄欖…8顆
蕃茄罐頭（事先濾成汁）…180cc
鹽…適量
巴西里末…少許
初榨橄欖油…少許

【做法】

1. 在常溫鍋中放入純橄欖油，加入一半去芯的蒜頭和小紅辣椒，用小火加熱。
2. 蒜頭煎成金黃色後，將兩小撮巴西里末與鯷魚放入鍋中，用長筷等工具均勻搗碎。輕輕擠出酸豆的多餘水分，將黑橄欖切成自己喜歡的大小，與酸豆一起加入鍋中。
3. 加入蕃茄汁，轉中火，撒一些鹽。
4. 在另一鍋滾水中加入鹽，開始煮義大利麵。麵條煮好的一分鐘前，先舀出一杯煮麵水備用。也在之後要裝麵的盤子裡倒一點煮麵水，保持盤子溫熱。
5. 將煮好的麵條放入 ❸ 的鍋中，搖動鍋子使麵與配料均勻混合。用初榨橄欖油與預先留下的煮麵水調節醬汁濃稠度，使其乳化，再用鹽調味並攪拌均勻。
6. 以繞轉方式將麵條裝盤，撒上巴西里末，淋上少量初榨橄欖油增添香氣。

Favorite item

最喜歡的東西……

1 舊的小鼓、箱鼓、非洲鼓

「我常常和兒子一起享受打鼓的樂趣。」幾乎每天都會接觸樂器，和兒子玩音樂。這裡即使聲音大一點，也不會打擾到鄰居，可以玩得很盡興。

專欄裡出現的美食家們

INDEX & PROFILE

佐藤廣美
Sato Hiromi

以甜點主廚身分在代官山開設咖啡店，2003年於中目黑開設家庭料理店「咕嘟咕嘟（ことこと）」，以蔬菜為主的料理深受好評。著作有《咕嘟咕嘟的飯菜 每天都想吃的配菜與下酒菜（ことことのごはん　毎日食べたいおかずとおつまみ）》。 ➡ P146、176、180

高橋雅子
Takahashi Masako

曾任麵包學校助手，後於藍帶餐飲學校學作麵包製作。1999年起主持麵包與紅酒教室，2009年開設貝果店「tecona bagel works」。著作有《有紅酒的12個月（わいんのある12ヶ月）」》、《三口鍋食譜（3つの鍋の使い分けレシピ帖）》等。 ➡ P146、208

瀨尾幸子
Seo Yukiko

簡單好做的美味食譜廣受好評，又以不需繁瑣步驟就能做出的下酒菜食譜人氣最高。對酒矸與酒杯等酒器極有研究。著作有《再喝一家，下酒菜橫丁（もう一軒、おつまみ横丁）》、《只做一人份也可以，輕鬆美味飯菜（一人ぶんから作れるラクうまごはん）》等。➡ P146

新田亞素美
Nitta Asomi

負責NHK人氣節目《ためしてガッテン（試了就知道）》的料理單元，也在雜誌、書籍、廣告負責食物造型及食譜製作，於2012年出版了《適合配酒的甜點食譜（お酒にあうスイーツレシピ）》一書。部落格「下町ポレポレ食堂（下町慢食堂）」asomy.exblog.jp/

➡ P146、176、181、208

市川洋介
Ichikawa Yosuke

於京都的料理店認識到蔬菜料理的優點，2004年在鎌倉開設蔬菜料理專賣店「なると屋＋典座」，重視當季食材的使用，也活躍於雜誌及烹飪節目，著作有《吃『なると屋＋典座』的蔬菜（「なると屋＋典座」の野菜をいただく）》。

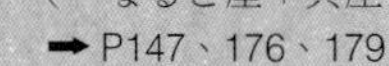

➡ P147、176、179

庄司泉
Shoji Izumi

蔬菜料理家，自稱蔬食老饕，所著「排毒蔬食」系列著作已累積銷售超過21萬冊。最新著作為《只用兩種蔬菜簡單做沙拉（たった2つの野菜でカンタンサラダ）》，部落格也廣受好評。ameblo.jp/izumimirun/ ➡ P147

Osborne未奈子
Osborne Minako

住在英國，常於廣告、雜誌等媒體發表食譜，是位造型設計師，有時也從事攝影工作，著作有《英國的天然點心（イギリスの自然おかず）》等。veggiepunk.exblog.jp/ ➡ P146、181

Hikaru

料理作家，著作有《Hikaru小姐家的悠閒待客之道（Hikaruさんちのゆったりおもてなし）》，最新著作為料理食譜《星屑脆餅（ほしくずのサブレ）》。haboucca.petit.cc/ ➡ P146、181

篠原洋子
Shinohara Yoko

食物搭配師，在東京白金町的老屋中進行雜誌及廣告的攝影工作，也研發食譜、開設烹飪教室、蒐集古董西洋餐具與日本古董品，興趣廣泛。
➡ P146、179、181

櫻井章代
Sakurai Akiyo

出生於三重縣伊賀燒的故鄉「長谷園」，曾負責砂鍋、器皿等商品的企劃業務，經手商品化的工作，也提供許多砂鍋料理食譜。

➡ P147、177、179

村田裕子
Murata Yuko

主持「STUDIO IDEA」，曾任流行服裝雜誌編輯，累積國內外料理學徒的經驗後，成為營養管理師兼料理研究家。在電視、雜誌、企業等領域進行食譜提案，經常應邀前往各地演講，著作有《第一次的菜單練習簿（はじめての献立れんしゅう帖）》等。➡ P147

石澤敬子
Ishizawa Keiko

身為「minä perhonen」的工作人員，同時也擁有自己的品牌「moss」。一年舉行數次展覽會，展示自己創作的洋裝與皮包等作品，著書有《奶奶的圍裙（おばあちゃんのエプロン）》。
➡ P148

淺野理生
Asano Rio

曾是老牌和菓子店的點心師傅，後與曾共事的稻葉基大組成創意和菓子搭檔「wagashiasobi」。以位於東京的工作室兼店舖為據點，活動範圍也遍及海外。wagashi-asobi.com/ ➡ P151

杯子和器皿可說是日常生活中不可或缺的夥伴。
正因為每天都要使用，
所以更該挑選好拿順手、外型溫柔樸實，
又能為飲食時光帶來一絲恬靜安詳的好物。

【美食家們愛用的生活道具】

杯子＆器皿篇

Osborne 未奈子

益子燒茶杯

在益子地區一間專賣年輕工藝家作品的店舖購得。玲瓏有致的腰身與表面的垂直線條，都令人聯想到「古羅馬建築的柱子」而愛不釋手，拿在手中的觸感也很好。

佐藤廣美

在古董店買的小酒杯

「從第一次發現這個杯子之後，在另一間店又找到一個，接著又遇見另一個，現在總共擁有三個一樣的杯子。」和這個小酒杯似乎特別有緣，期待繼續一點一滴增加收藏。

Hikaru

寒川義雄的沾麵醬杯

待客時經常用來裝咖啡，在長野「夏至藝廊」購買的小酒杯。「杯口質地較薄，飲用時觸感很好，無論熱飲或冷飲，喝起來都特別好喝。」

高橋雅子

吉田健宗的小酒杯

在松本工藝品展上對這個杯子一見鍾情。「用途不受限制，有時甚至拿來喝紅酒。當初拿在手中覺得大小剛好，立刻決定買下它。」

植松良枝

日高龍太郎的杯子

陶藝家日高龍太郎與東京青山「QUICO」聯名推出的作品。「無論裝焙茶或奶茶等飲料都適合，這樣的設計是我最中意的地方。」

新田亞素美

獲贈的小酒杯

這是已結束營業的淺草名店「松風」的小酒杯。「我家從祖父開始便是那裡的常客，結束營業時店家將酒杯送給我。對這家店充滿回憶，那裡也是讓我開始愛上日本酒的地方。」

篠原洋子

娘家的茶杯

「好可愛，給我！」一邊這麼說，一邊從娘家母親手中搶來的茶杯。有田燒的質樸圖樣和渾圓杯身令人愛不釋手，光是放在桌上看著就不禁莞爾。

瀨尾幸子

配合心情選用小酒杯

前往各地旅行時收集到的小酒杯，數量多到超過一兩百個。喜歡配合當天心情選擇要用的杯子。

鳥海明子

購自「摘草（つみ草）」的碗

喜歡這只有溫度的陶製碗。「看到的瞬間，就覺得一定可以用很久。」目前當作夫妻對碗使用中，質地輕巧、有著順手的形狀。

市川洋介

吉村和美的作品

這款吉村和美創作的器皿，有著令人印象深刻的美麗土耳其藍。「一般日式餐具多為陶土本身的顏色，只要有一個這種藍碗就會很醒目。創作者經過一番思考選定的顏色和各種料理都能搭配，也很適合用來盛放日式料理。」

市瀨悅子

「白山陶器」的小缽

希望配菜看起來份量充足時，市瀨小姐就會選擇大一點的小缽。帶點淡淡的粉紅色，裝任何料理看起來都很美味。「我常拿來裝好幾種蔬菜做成的涼拌菜。」

櫻井章代

伊賀燒分裝盤

直徑 15cm 左右的分裝盤，吃火鍋時經常用來分裝食物。「大大的盤子裝得下很多食物，沉穩的茶色也是我很中意的部分，感覺用這個盤子裝的菜，看起來總是特別好吃。」

濱田美里

福田敏雄的湯碗

福田敏雄是在輪島創作日常漆器的藝術家，這個美麗的湯碗是他的作品，大小各購入一個。「很喜歡這位藝術家創作的漆器，過年用的餐盒也是他的作品。」

鈴木惠美

落合芝地的湯碗

購於二子玉川的「小幌（コホロ）」，尺寸偏大，可以用來裝料很多的味噌湯。「有時也會當丼飯碗使用，用途多樣又方便。」

庄司泉

購於「楓器皿（うつわ楓）」的飯碗

在喜歡的器皿店，一眼就愛上這個碗。簡樸天然的設計感散發溫柔氛圍，直線的凹凸紋路拿在手中很妥貼，使用起來相當順手。

村田裕子

「源右衛門窯」的小缽

有田燒名窯「源右衛門窯」出品的小缽，在古董市集買到的。「摩登風格的設計非常出色，在日常生活中使用率很高。除了裝配菜也能裝湯，做茶碗蒸時也會使用它。」

01

美食家們的生活小訣竅・日常篇

這些「懂生活」的料理人們，用最像自己的方式過生活，
在乍看平凡無奇的日常中，有什麼不同的巧思與堅持呢？

選購工具時…

大竹明郁

要仔細確認工具的「關節」部分。

烹飪工具最重要的就是要夠堅固才能長久使用，所以選購時一定要仔細確認關節（連結處）部分是否牢靠。無論鍋子、平底鍋還是菜刀，經常都會從把柄連結處鬆脫故障吧？反過來說，只要這部分夠耐用，就能延長使用時效，像是買菜刀時，就要好好檢查刀刃是否深深嵌入刀柄，如果這些小細節的工藝不夠到位，就不購買。

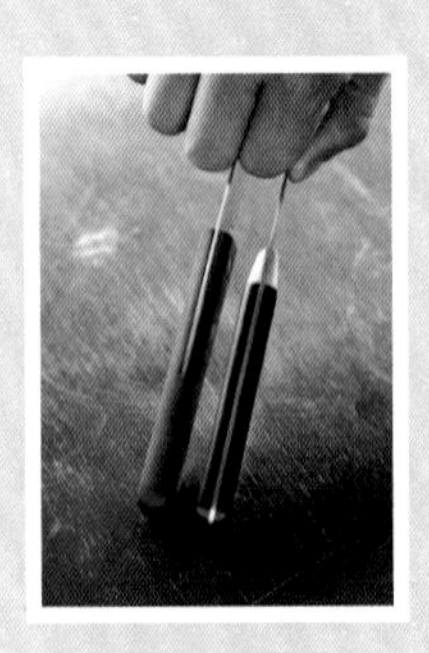

買東西時…

石澤敬子

只要是想要的東西，就不必拘泥於類型。

買東西時不會用「非這個不買」的想法侷限自己，多看多比較，只要遇上「想要！」的東西，無論何種類型的商品都樂意選用。不管買老東西或新品，最重要的還是考量「能長久使用」這點。能在生活中長久陪伴自己、愈久愈有味道的東西，用起來就會很享受。

買東西時…

朝日久惠

選擇會帶給你喜悅、用起來開心的物品。

選用物品的基準，是「在每天的生活中只要有了那樣東西，工作的每一個步驟都會感到開心」。比方說，電動磨豆機固然方便，現在使用的手動式磨豆機光是拿在手中就感到一陣幸福。我想要的就是這種用起來心情愉悅的物品。

買東西時⋯

馬場和子

我喜歡對身體與大自然有益的東西。

以材質來說就是天然材質，以設計來說就是簡單大方，以顏色來說就是大地色系。比起化學染料，我更喜歡草木染料，像是用有機棉做的圍巾不但顏色美麗，接觸肌膚時的觸感更是溫柔。所有的鞋子都選用能回歸大自然的材質製作，不傷害身體與自然的東西就是最好的。

買東西時⋯

神谷葉月

平常多方收集資訊，想像自己要什麼。

因為對室內裝潢及雜貨類的喜好分明，所以購物時幾乎沒有失敗或後悔過。平常就會在腦中想像自己想要的東西，隨時張開天線注意，在雜誌上看見喜歡的東西也會用 iphone 拍下，試著想像和自己手邊的東西搭配起來是否合適，我認為在腦中做出具體想像是很重要的。

買東西時⋯

長田由香里

相信第一印象，不錯過想買的東西。

生活雜貨與小東西、室內裝潢單品等等，我喜歡的東西向來明確，很少買下手又感到後悔，尤其手作類的東西，只要第一印象感覺對了，就會毫不猶豫買下，怕錯過就不見得再有機會遇到一樣的東西。

選購工具時⋯

大島弘鼓

考慮到長遠的未來，多選擇簡單樸實的東西。

選的多半都是造型簡單、不容易看膩的設計，有豪華裝飾的東西或許第一眼看起來很不錯，但假設哪天裝飾鬆脫了，很可能也會因此完全不想再用。像砂鍋這種，能令人感受親手打造的溫暖而不易生厭的，才是可長久使用的東西，選擇適當的尺寸也是重點之一，因為尺寸太大最後往往落得收藏的命運。

美食家們的生活小訣竅．日常篇 01

關於調味料…

岩崎朋子

不用的東西就不買，對基礎調味料特別講究。

我烹飪時使用的調味料或許比一般人少很多，原本就因為老家的料理從不使用砂糖，所以我也不用砂糖。後來因為沒用完的東西總是捨不得丟，決定乾脆從此不買拿不定主意的東西。這麼一來，我開始對少數幾樣基礎調味料變得講究，比方說，食鹽只用從天然海水中萃取的品牌，醬油和味噌一定要挑不含基因改造原料等等。

關於調味料…

中山晴奈

與其珍藏不用，不如放在目光所及之處。

我經常和朋友交換鹽與味噌等調味料，如果捨不得用而珍藏起來，放久往往就會忘了用，所以我總是提醒自己將交換來的調味料放在隨時看得到的地方，積極使用，盡早用完。換來少量調味品時，我會裝在小袋子裡，寫上名字保管，這樣就不會忘記裡面裝的是哪種調味料了。

多做起來放…

廣田有希

不要萎縮乾癟的，要就曬新鮮的蔬菜乾。

曬蔬菜乾時一定選擇當季且新鮮的蔬菜，乾癟萎縮的菜除了不夠新鮮，曬乾後的味道也好不到哪裡去；反之，直接吃就很美味的蔬菜，曬乾後還是很美味。以我的情形來說，與其說是將烹飪用剩的蔬菜曬乾保存，不如說是為了曬蔬菜乾而特地去買新鮮蔬菜，只要想到「好想吃那種蔬菜乾喔」，我就會跑去買菜。曬乾後的水果不但變得更甜，還方便攜帶，對我來說是很重要的零食！

多做起來放…

渡部和泉

切下的蔬菜根，也毫不浪費全部用完。

隨時提醒自己不要浪費食材，像是胡蘿蔔、洋蔥和芹菜這類蔬菜在料理過程中剩下的菜根或殘葉，我會用食物處理機攪碎，放入冰箱冷凍保存，下次煮湯或做法式濃湯時，就有現成的食材可以使用，還能毫不浪費地品嚐蔬菜的鮮甜。儘早吃完，不長期保存也很重要，為了提醒自己，會在保存容器外貼上製作當天的日期。

關於保養維護…

塩山奈央

與其視為特別的東西，不如平常就用心維護。

鍋子或平底鍋如果燒焦，不妨用「Scotch Brite」菜瓜布刷，可以刷得很乾淨，這也是我的愛用品之一。說到對鍋子的保養，說不定我做的就只有這個（笑）。不過，清洗琺瑯製品等表面上一層鍍膜的鍋具時，如果太用力刷會破壞表層，要多加注意。

多做起來放…

南屋

準備工作不馬虎，就能做出美味醃漬物。

做甘麴漬（編按：用米麴菌使白米發酵，將碳水化合物分解為糖分做成的東西就是甘麴。甘麴加水即成甜酒釀，用來醃漬物品就是甘麴漬。）時，不將蔬菜全部混合，而是分別醃漬於不同容器中；醃蘿蔔時，蘿蔔事前徹底曬乾，才會引出更多甘甜味。正因為這些事前準備都很簡單，所以更不能馬虎，還有就是醃漬前用力擠乾蔬菜水分，也能讓醃漬品存放更久。

關於調味料…

淺野理生

買小包裝的調味料，在短期間內用完。

醬油、味噌和油一向都買小包裝，趁還新鮮時趕緊用完，餐桌用醬油瓶也買迷你尺寸，確保總是能用到最新鮮的醬油。買小包裝調味料的另一個理由，是可以多方嘗試不同商品，如果買的是大容量包裝，遇到另一種想嘗試的口味時，還得先忍耐著把原本大容量的商品用完才能買新的，實在太難熬了。

在剛煎好的可麗餅皮上加一球清涼的冰淇淋。千葉奈津繪的「草莓熱可麗餅」既溫熱又冰涼，甜甜酸酸……各種滋味口感與可愛的外觀，形成刺激五感的一道甜點。不只嘴裡吃甜甜，更能從中感受甜點的各種魅力！

[至高無上的幸福甜點，為生活增添色彩]

Chapter 3

甜點

SWEETS

放了滿滿秋天果實的提拉米蘇

光看就令人心情大好的魔法料理，吃入口彷彿處於至高無上的幸福時刻……鮮艷的色彩、清爽甜蜜的香氣，為日常生活多了一些美好刺激，甜點的魅力可不是「好甜」、「好可愛」就能一語道盡。為平凡無奇生活妝點出特別氣氛的甜點，到底是怎麼做出來的呢？

本章將介紹七位傳遞幸福的甜點料理家，帶大家一起瞧瞧，是什麼動力促使他們創造出許多個性豐富的甜點，以及他們在製作甜點時有什麼堅持吧！

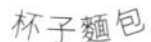

杯子麵包

no. 038

食物搭配專家

蓮沼愛

Hasunuma Ai

現居名古屋，曾經營酒吧、主持蛋糕烹飪教室，其後以食物搭配專家的身分展開活動。曾參與電視演出，也是飲食活動講師、咖啡廳食物造型師、商品開發者等，活躍於各領域。

我喜歡多一點裝飾，看起來熱鬧又漂亮的甜點。

蓮沼愛說：「最喜歡只有甜點才看得到的獨特感。」
正因如此她才能經常做出令人期待、充滿歡樂氣氛的甜點。

1：整理得方便順手的廚房裡，滿是可愛的瓶裝罐頭與廚具，有的並排、有的吊掛，隱藏收納與展示收納的比例適中。
2：廚房中島下方也活用為收納空間，多花點工夫裝上輪子的木箱，取用方便。
3：特別訂做的架子上，輪流擺出符合季節感的心愛器皿。

小時候看到打上蝴蝶結的夏洛特（Charlotte）蛋糕時，不由得發出驚呼，那種內心充滿感動的感覺，或是看到裝飾滿滿水果的水果塔時，體溫上升的經驗，到現在都還記得很清楚。

對她而言，就是想做出這種打動人心的甜點。「比起吃，我更喜歡做甜點給別人，看到對方開心的樣子。」只要一看到當季的紅玉蘋果或桃子，即使不需工作，也會熱中用這些水果創作甜點。

每天都在自宅兼工作室裡試作新甜點或為甜點拍照，需要體力的工作集中在上午，像是出門買拍攝需要的東西、處理甜點的食材、試作、拍照，接著是試吃兼午餐，結束後便繼續集中精神工作，晚上則是將食譜整理好，完成其他文書作業。

現在最大的目標是創作出「適合搭配紅茶」的甜點，不拘泥於法式、美式或英式這些種類，而是帶著愉悅的心情，盡可能嘗試各種不同可能。

Q 擅長的料理領域？
做起來不難，只要多加一道手續、多點裝飾，看起來就很漂亮的甜點。特別擅長外觀帶些時髦感的甜點。

Q 在什麼樣的機緣下成為料理家？
大學時開設了烹飪教室，後來因為對設計和攝影也有興趣，就轉行成為食物搭配師。

Q 料理時最重視什麼？
徹底掌握食譜、做好事前準備，並且保持平靜的心情。

喜歡用鐵鍋做出多樣料理，也愛舉辦各種戶外活動。

熱愛戶外休閒活動的相關工作，
用心做出對身體溫和的料理，
皆口奈穗子俐落歡快的身影充滿魅力。

no. **039**

料理研究家
皆口奈穗子
Minakuchi Nahoko

從甜點到野外料理，使用易於取得的食材做成料理，廣受好評。著有散文書《能長久使用的美味廚具（ずっと使えるおいしい道具）》等作品，也主持使用鐵鍋烹飪的工作坊「鐵鍋飯會（鉄鍋ごはん会）」。www.n-minakuchi.com

1：整理得簡潔清爽的廚房，瓦斯爐是小型的業務用爐。
2：客人來訪時會將熱水壺與放了茶包的玻璃瓶一起端上桌，想喝的人自己倒。「在我準備料理和甜點時，客人可以把這當成自己家。」
3：在蜂蜜蛋糕撒上糖粉、放點草莓，皆口奈穗子提倡的就是如此簡單不做作的甜點。「使用家中現有的食材，想怎麼變化就怎麼變化，才是手工甜點的樂趣。」

皆口奈穗子從事與野外料理相關的工作，十二年來每個月都構思新的食譜。尤其在春天到秋天這段戶外活動盛行的季節，為了參加露營活動或出外景，每天從早忙到晚，在時而必須熬夜工作的狀況下，「吃身體想要的食物」是健康管理的鐵則。「我隨時都在思考跟吃有關的事。因為工作就是興趣，可以說根本沒什麼私人時間。」她爽朗地笑著說。

特別喜歡活用食材原味做出簡單樸素的甜點。由她主持、一年舉辦四次使用鐵鍋的工作坊「鐵鍋飯會」，指導參加者用鐵鍋和當季食材烹調美食，也會用荷蘭鍋做布丁、蜂蜜蛋糕、蒸蛋糕，大夥再一起享用剛出爐的甜點。

工作結束後經常和工作人員在家聚餐，酒足飯飽後端出的甜點，則以適合配酒、不過分甜膩為主題。比方使用水果和蔬菜製作的甜點，或是冰沙、雪泥等爽口甜點。「因為聚餐時一定會喝醉，所以還是事先做好的甜點最棒！」這種不做作的風格，也是她的料理魅力所在。

Q 擅長的料理領域？
作法簡單、重視季節食材的簡樸料理。除了甜點，也常用鐵鍋烹調單純的料理，喜歡嘗試各種方法運用香草入菜。

Q 在什麼樣的機緣下成為料理家？
在料理比賽中獲獎，經歷雜誌方面的工作後，將自己發表過的食譜集結起來，到處推銷（笑）。

Q 料理時最重視什麼？
使用當季食材、重視色香味俱全，斟酌砂糖用量就能做出完全不同口味的甜點，很享受這種製作甜點的樂趣。

蓮沼愛的拿手甜點

杯子麵包

【材料】8 個份

高筋麵粉…180g
低筋麵粉…20g
即溶酵母粉…¾ 小匙
無鹽奶油…45g
砂糖…2 大匙
鹽…¾小匙
奶粉…2 大匙
發酵用水…80cc（30 ～ 40℃）
蛋（中型）…½ 顆
紙杯…8 個
內餡…隨個人喜好
肉桂粉…適量
蛋汁…適量
杏仁薄片…適量

｜蘋果肉桂內餡｜

【材料】2 個份

蘋果…¼顆
砂糖…1 大匙
檸檬汁…1 小匙
※ 若喜歡內餡多一點，可自行將材料乘上所需倍數。

【杯子麵包做法】

1. 在鋼盆裡放入砂糖、鹽、奶粉、發酵用水，將蛋打入，仔細攪拌混合。
2. 酵母粉及一半份量的兩種麵粉加入碗中，攪拌至滑順沒有結塊，再加入剩下一半麵粉和放軟的奶油，快速攪拌均勻。
3. 大致混合均勻後，把麵糰從鋼盆拿出來，放在調理台上，用手揉捏。
4. 將揉好的麵糰放回鋼盆，蓋上保鮮膜，等待麵糰進行一次發酵，直到成為兩倍大（若使用有發酵機能的微波爐則約需 40 分鐘）。等待發酵的時間先加工紙杯，從上方剪掉 2cm 左右高度。
5. 將麵糰發酵產生的氣體打出後（排氣），放在調理台上，分成 4 等分。用厚一點的布蓋住麵糰，靜置 5 分鐘。
6. 將內餡（作法請參照下方）鋪在桿成四方形的麵糰上抹平，撒上肉桂粉，從內側向外捲起，切成兩半。再將麵糰放入紙杯，蓋上保鮮膜等待麵糰進行二次發酵（40℃約 20 分鐘），直到膨脹為 1.5 倍大。
7. 烤之前表面塗抹蛋汁、撒一些杏仁薄片，用預熱 190℃的烤箱烤 15 ～ 20 分鐘。

【蘋果肉桂內餡做法】

1. 蘋果削皮去芯，切成 5mm 厚度，放入耐熱容器。將砂糖與檸檬汁混合後淋上去，蓋上保鮮膜放進微波爐（600W）加熱 3 分鐘，取出放涼、瀝乾水分。

Favorite item

最喜歡的東西……

1 「銀峯陶器」的 BLISSO

可做無水烹調的砂鍋。「有時拿來炊飯，有時拿來蒸魚或蒸蔬菜，想用簡單食材做出美味料理時，不可或缺的鍋具。」

2 村上躍的茶壺

「二十五歲左右第一次努力存錢買下的。」這個茶壺讓她開始懂得將喜歡的東西好好保養，珍惜物件長久使用的魅力。溫潤的手感令人愛不釋手。

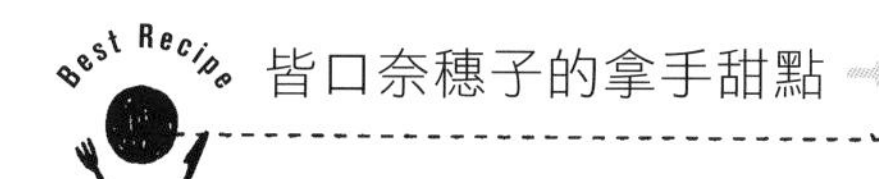

古利與古拉*的蜂蜜蛋糕

【材料】使用直徑 16cm 的鐵鍋做出 1 個份

Ⓐ
低筋麵粉…100g
發粉（最好用不含鋁的）…1 大匙

蛋…2 顆
二砂糖 *…70g
牛奶…50ml
無鹽奶油（隔水加熱融化備用）…30g
裝飾用糖粉…適量
裝飾用草莓…適量

【做法】

1. 將材料 Ⓐ 均勻混合過篩。
2. 在鋼盆中放入蛋白、一半的二砂糖（35g），打發蛋白到可垂直立起。
3. 在另一個鋼盆中放蛋黃和剩下的二砂糖，攪拌混合，加入牛奶與 1 已過篩的粉、融化的奶油，整體均勻混合後，倒入 2 的打發蛋白後稍微翻拌。
4. 將鐵鍋內側塗滿薄薄一層奶油（不包含於材料份量中），底部鋪上烤焙紙。
5. 將 3 的麵糊緩緩倒入鍋中，蓋上蓋子，用小火慢慢加熱 40 ～ 50 分鐘。用竹籤刺進蛋糕，如果抽出後沒有沾黏麵糊就完成了。上桌前撒上糖粉及草莓裝飾。

※ 古利與古拉為知名繪本，描寫兩隻小老鼠烤蛋糕的故事。
※ 本書材料中所出現的「二砂糖」，原文應為日文的「きび砂糖」，若無法買到日本材料，可用二砂糖取代。

Favorite item

最喜歡的東西……

1 「fog linen work」的麻質圍裙

麻質布料的圍裙乾得快，還能順便拿來擦餐具，十分受到她的喜愛。「做甜點時就算麵粉撒得到處都是，白色圍裙也不會顯髒，所以我很喜歡。」

2 《donna hay》雜誌

長期訂閱澳洲很受歡迎、女性食物搭配師 Donna Hay 出版的雜誌。「不強調女性特質的帥氣姿態很吸引人，是我參考的對象。」

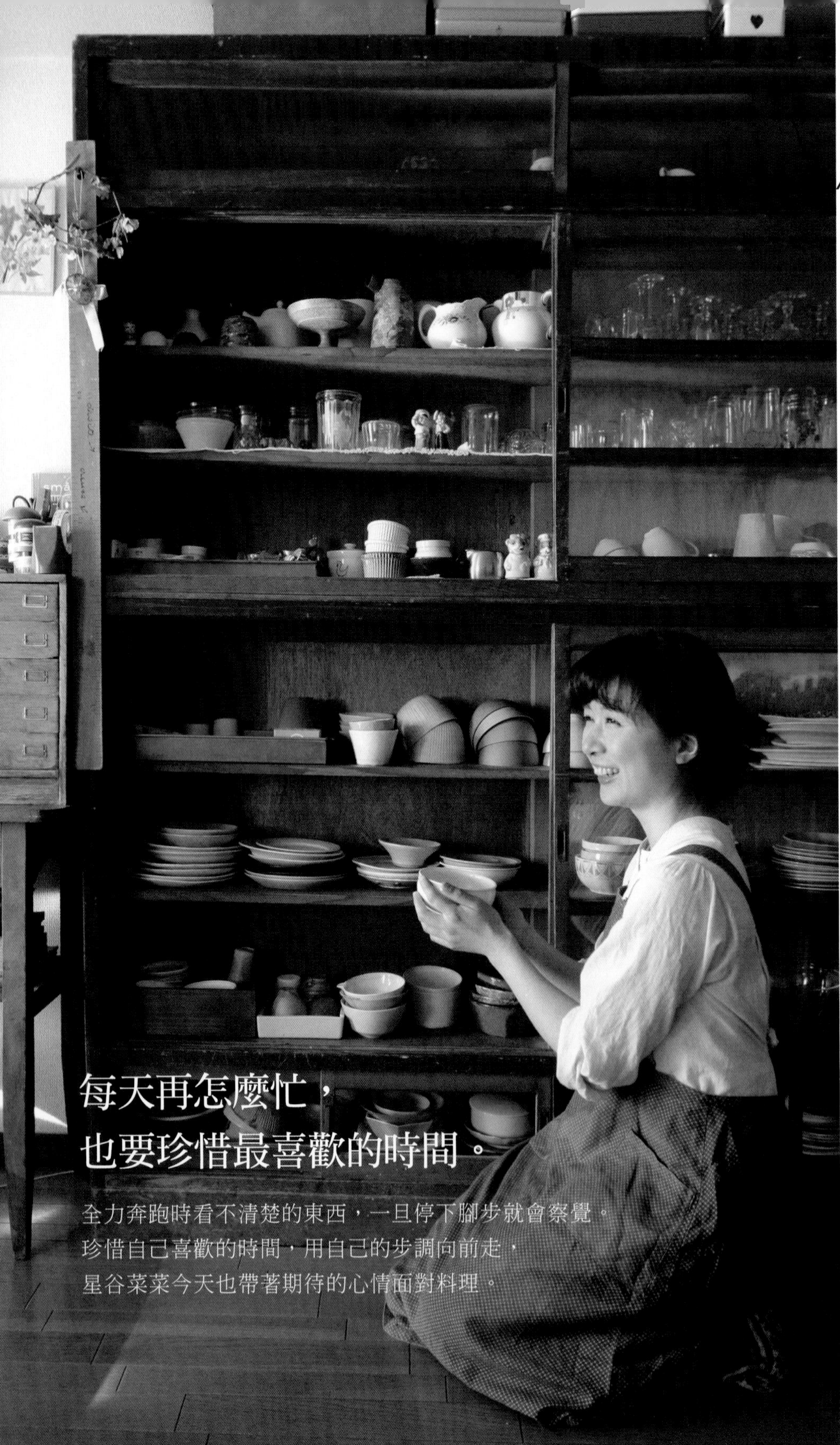

no. 040

料理專家

星谷菜菜

Hoshiya Nana

以雜誌為中心，提倡日常生活的家庭料理與點心。擅長做出令人每天都想吃的簡單滋味，好像說故事般可愛的食物造型更是大受歡迎。最新著作為《用一個鍋子煮大餐 燉肉料理（お鍋ひとつでごちそう ポットロースト）》。

每天再怎麼忙，也要珍惜最喜歡的時間。

全力奔跑時看不清楚的東西，一旦停下腳步就會察覺。
珍惜自己喜歡的時間，用自己的步調向前走，
星谷菜菜今天也帶著期待的心情面對料理。

1：自己做的乾燥花，日常生活中已經少不了花的陪伴。
2：心愛的餅乾模型。有著花鳥圖案與樸素氛圍，非常可愛。
3：法國亞爾薩斯地區的傳統蛋糕模型，可以烤出可愛的羊型蛋糕。
4：做甜點時總會多做一些，裝在簡單的包裝袋裡，送給來家裡玩的朋友。
5：一個人吃飯時，也會好好裝在喜歡的器皿裡享用。
6：餐具櫃放滿旅行時帶回的器皿與小物，每一件都是回憶。

「只要開始想料理的事，時間總是一轉眼就過完了。」認真面對料理的每一天，就很容易有足不出戶的傾向。所以，每天一定會外出一趟，到公園散散步或上哪走走。

「就像開窗換氣一樣，我也需要讓新鮮空氣流進身體，用自己的雙腳走路，仔細眺望周遭的景色，感受季節的流轉，我很珍惜這樣的時間。」

感受季節，接觸最愛的花、器皿以及閱讀。熱中於這些嗜好時，總能再次懷有雀躍期待的心情，重新想起那些心愛的小事。旅行對她而言更是不可或缺，一年總會出國一兩次。「對我來說，旅行是最能重整身心的方式。從旅途中感受到的空氣與味道，會自然而然誕生新料理的靈感。」

出國時經常造訪鄉村田園，在那裡邂逅的家庭料理，也是她理想中的料理。「鄉村奶奶做的菜，總是質樸而不拘小節，可是又充滿了喜悅，我想做的就是這樣的家庭料理。希望能讓吃的人打起精神，面對嶄新的明天。」

Q 擅長的料理領域？
家庭料理與點心，以使用當季食材做成的樸實料理為中心。以隨手可得的食材，徹底運用在料理上。

Q 在什麼樣的機緣下成為料理家？
大學時參加陶藝社，沉迷於用自己做的器皿裝料理那種感動與樂趣，畢業後就待在料理家老師身邊當助手，進而踏上這條路。

Q 料理時最重視什麼？
在腦中揣摩另一方的心情。希望自己的食譜是方便、易懂、令人每天都想做來吃的東西。

甜點研究家
若山曜子
Wakayama Yoko

大學畢業後就前往巴黎留學，取得法國C.A.P文憑（Certificat d'Aptitude Professionnelle, esthetique-cosmetique），累積當地餐廳工作經驗後回國。目前除了在雜誌發表文章，也主持一間甜點及烹飪教室。著作有《用融化的奶油與水做成的魔法派食譜（溶かしバターと水で作れる魔法のパイレシピ）》等。

盡可能活用材料的各種組合，做出簡單的料理。

擅長製作連初學者也能簡單學會的烘焙點心，若山曜子的食譜總能引出食材本身的魅力，同時也散發她在巴黎養成的優雅品味。

留學巴黎，曾在當地星級餐廳負責甜點製作的若山曜子說：「能吃到剛出爐的東西，也能自己挑選食材，這就是家庭甜點的好處。和店裡賣的不一樣，是另一種意義上的奢侈美味。」她細數家庭甜點的魅力。

「裝飾繽紛華麗的甜點當然也很美好，不過，我傾向只用水果或堅果做最後裝飾，如果不能為整體口味加分的食材，就不會拿來當裝飾，這是我在法國學到的觀念。」

尤其擅長只用一個碗調和食材，就能烤出的烘焙點心。即使是初學者，照著她的食譜也烤得出美味又簡單的甜點，她追求的正是這樣的基礎麵糰配方。在食譜書中除了介紹派、磅蛋糕等主題甜點，也會附上用相同食材變化出的非甜食食譜。

「我在法國學的是甜點製作，說起來應該以甜點為中心。不過在法國，甜點主廚也要負責製作名為『Traiteur』的熟食，再說我原本就喜歡烹飪。最近甜點之外的料理工作也增加了不少。」

最大的興趣是出國旅行，平常也會視當天的心情，將摩洛哥、中東、東南亞等各國料理端上餐桌。

「就算不能去旅行，也可以用日常生活中的食材做出異國料理或甜點，光這樣就很開心了。今後我打算多多介紹在各國品嚐到的家庭料理。」

Q 擅長的料理領域？

整盤的法式甜品、費南雪餅乾和磅蛋糕等烘焙甜點，以及能與各種食材組合成多種甜點的基礎麵糰。

Q 在什麼樣的機緣下成為料理家？

小時候吃遍東京的甜點店，其中特別喜歡法式甜點，因為很想直接閱讀原文食譜，大學便選了法語系。

Q 料理時最重視什麼？

提醒自己做出簡單又能留下深刻印象的味道，構思食譜時只選最少限度的必需食材，發揮每樣材料的獨特滋味。

1：認為「一旦收到看不見的地方就不會使用」，因此將生活所需用具都放在眼睛看得見的地方，同時收納得整齊清爽。
2：住在法國時最愛吃的優格空瓶，二度利用做為香辛料收納罐。
3：窗邊的餐桌，用牛奶瓶取代花瓶，增添繽紛色彩。

星谷菜菜的拿手甜點

迷迭香餅乾

【材料】約 40 個

Ⓐ
低筋麵粉…70g
杏仁粉…50g
玉米粉…30g

無鹽奶油（恢復常溫備用）…75g
迷迭香（新鮮迷迭香，切末）… 2/3小匙
糖粉…20g + 完成後的裝飾用量

【做法】

1. 烤盤鋪好烘焙紙，將調好的材料 Ⓐ 鋪在上面，放進預熱 100℃的烤箱烤 1 小時。連同烘焙紙一起取出放涼。
2. 將奶油、迷迭香與糖粉一起裝入鋼盆，用打蛋器輕輕攪拌均勻。
3. 將 1 的粉類篩入 2 的鋼盆中，取刮勺以切劃手勢攪拌混合。大致均勻混合後，用保鮮膜包起，放進冰箱靜置 1 小時鬆弛。
4. 取出麵糰，輕揉麵糰使硬度平均後，再分揉成小糰，想捏成四方形或上弦月形狀都可以。
5. 將小麵糰放在鋪好烘焙紙的烤盤上，彼此空出間隔，放入預熱 170℃的烤箱烤 5 分鐘，在烤成深色前連同烤盤一起取出放涼。
6. 完全冷卻後從烤盤取下餅乾，在表面撒上糖粉裝飾。

Favorite item

最喜歡的東西……

1 庄司千晶的馬克杯

手邊隨時都會泡一杯花草茶或焙茶等茶飲。很喜歡朋友送的這個庄司千晶創作的馬克杯。

2 葡萄酒和酒器

放葡萄酒的酒籃購自法國的跳蚤市場。因為非常喜歡喝葡萄酒，兩年前開始上紅酒專門學校，想了解更深奧的葡萄酒世界。

no. 041

若山曜子的拿手甜點

黑芝麻鬆餅

【材料】10 公分 × 6 片

Ⓐ
全麥麵粉…¼ 杯
低筋麵粉…¾ 杯
泡打粉…1 小匙

蛋…1 顆
牛奶（或無糖豆漿）…½ 杯
原味優格…1 大匙
黑芝麻醬…2 大匙
二砂糖…1 小匙
鹽…少許
沙拉油…1 小匙

【做法】

1. 將材料 Ⓐ 篩入鋼盆中。
2. 在量杯裡打蛋，加入牛奶、原味優格、黑芝麻醬、二砂糖、鹽與油，用打蛋器攪拌均勻。
3. 將 2 的材料少量慢慢倒入 1 中，同時攪拌麵糊呈滑順狀。
4. 充分熱鍋後，將平底鍋控制在固定溫度，用勺子將麵糊舀入平底鍋（形狀保持圓形），以小火～中火加熱。煎 2 分鐘左右，直到表面冒出氣泡即可翻面，再煎 1 分鐘左右就完成。上桌前可搭配自己喜歡的沾醬或配料一起享用。

Favorite item

最喜歡的東西……

1 「Arcoroc」的玻璃碗

從中學開始用到現在，是法國餐廳業務用的碗。「隔水加熱或微波加熱都靠它，收納時也可以堆疊，很方便。」

2 「KitchenAid」的立式食物攪拌器

為了方便隨時使用，直接放在廚房裡的多功能食物攪拌器。「用起來很輕鬆，也有低速選項，可以調整麵糰的綿密度，這是我最中意的機能。」

享受各種食材帶來的不同樂趣，最喜歡烤點心。

在自家一樓設置點心工房與一星期只營業兩天的店舖。千葉奈津繪每天都熱中於烘焙看起來簡單質樸的點心。

no.042

「dans la nature」老闆

千葉奈津繪

Chiba Natsue

任職於麵包店與紅茶專賣店製造部門一段時間後，開了這間一人經營的點心店「dans la nature」，特色是每個月更換不同主題的「宅配點心」，同時也活躍於料理活動和雜誌專欄。著作有《dans la nature 的烘焙點心課（dans la nature の焼き菓子レッスン）》等。

在自家一樓開設小店「dans la nature」的千葉奈津繪，小時候最喜歡觀察烘焙過程的前後變化，當時內心的興奮感一直延續到今天。特別擅長烤餅乾或磅蛋糕等，可享受變化食材樂趣的基本款甜點，目前以接單製作的上游供應商身分為主，但週五與週六也會在店面販售。

每天起床時間是驚人的五點半。起床後，先開窗讓空氣對流，接著就是早茶時間。六點吃早餐，她說「因為早上比較容易專心」，所以掃除、洗衣服等家事都在早上完成。七點便開始進入工房做甜點的她過著規律的生活，一點也不以為苦。私底下和朋友聚會時，也很喜歡做平常不做的水果塔、奶酪或慕斯蛋糕等甜點。

最近對她來說最重要的事，是每月一次前往位於瀨戶內海的豐島，投注心力在使用當地水果製作甜點的工作坊，而且除了工作外，和地方居民的互動充滿平日少有的新鮮感，也讓她感覺心靈受到洗滌。今後點心工房也預定推出具有季節感的全新甜點，真令人期待！

Q 擅長的料理領域？
從以前就喜歡做餅乾的過程，現在也特別擅長，也很喜歡做磅蛋糕和馬芬蛋糕，享受可在食材上做變化的基本款甜點。

Q 在什麼樣的機緣下成為料理家？
從小就喜歡做甜點，從點心麵包專門學校畢業後，也曾在相關行業工作過。之後慢慢萌生自己動手做的念頭，便從上游供應商開始做起。

Q 料理時最重視什麼？
不跟流行，只做簡單、自己認為「好吃」的甜點，也很重視甜點的形狀大小是否統一。

1：「選餐具食器時，總忍不住站在甜點的角度想像。」擁有許多 21cm 大小的盤子和玻璃點心杯。
2：家裡的廚房收拾得乾淨清爽，基本上不做菜時，東西會全部收起來。相反地，工房裡為了方便隨時取用，所有工具都放在一邊。
3：早餐固定吃歐姆蛋，其他配菜會做豐富變化。
4：工房入口處種植的迷迭香與薄荷等香草，為了方便使用，也會折下一些插在廚房窗邊的玻璃器皿中。

no.043

福田淳子

料理研究家・食物搭配專家

Fukuda Junko

原本從事咖啡店等餐飲食譜研發，及協助新店舖成立的研發工作，其後獨自創業。目前活躍於雜誌、廣告等大眾媒體。著作有《第一次做泡芙也不失敗，黃金食譜（シュークリーム　はじめてでも失敗しない、黄金レシピ）》、《迷你甜點（ちびスイーツ）》（共著）等。

早晚難得的優閒時光，就像三明治的兩片土司，把忙碌的工作夾在中間。

在忙碌中安排「放空」的時間，
這就是福田淳子的生活風格，
多采多姿的甜點也就這樣誕生。

1：餐具櫃裡放著多年來收集的心愛餐具，分門別類收納得清清爽爽。

2：為了保持家裡隨時都有花，剪短的花就改用茶杯當花器，盡量裝飾久一點。

3：用兔子和小鳥造型的裝飾品佈置餐桌，營造溫暖的氣氛。

每個人在家都能輕鬆完成不花俏的簡單甜點，這就是福田淳子傳授的食譜。她擅長針對一個主題鑽研，思考如何用同種甜點變換花樣，每個都經過她親手試作。

對她而言如何充分利用上午時間很重要。她會先將家事大致做完，把餐桌和地板擦得乾淨發亮，準備好一個舒適的空間。再為最愛的花花草草換水、點上芳香蠟燭，給自己一段「放空」的時間。「上午的時間，我特別喜歡早餐時段。有時吃日式早餐，有時吃西式早餐，天氣冷的時候就做湯品，配合每天的心情有各種變化。」

即使是努力製作甜點到深夜的日子，一天結束前一定會在浴缸泡澡，放鬆身心。就像三明治一樣，巧妙地用早晨與夜晚的悠閒時光，將忙碌的工作夾在中間。

遇到朋友生日時，也會親手烤個使用當季水果的蛋糕，蛋糕上的裝飾當然是專程為對方量身訂做的。「由於經常需要試作，所以我幾乎一天到晚都會送甜點給朋友。」可以沉浸在從小就嚮往不已的甜點世界中，每天都覺得很幸福。

Q 擅長的料理領域？
用容易買到的材料就能做成，但會加上一點點變化的甜點，像是起司蛋糕。我擅長針對一個主題鑽研發揮。

Q 在什麼樣的機緣下成為料理家？
在嚮往很久的咖啡店工作，一邊接受甜點訂單一邊摸索未來方向時，出版社找我出食譜書，就這樣實現了夢想。

Q 料理時最重視什麼？
隨時提醒自己「好吃的東西不只一種」，會配合吃的人的年紀和飲食習慣，有彈性地組合搭配食譜。

千葉奈津繪的拿手甜點

草莓熱可麗餅

【材料】10 片份

低筋麵粉…120g
無鹽奶油…15g
蛋…3 顆
二砂糖…25g
鹽…1 撮
牛奶…1 ¾杯
香草冰淇淋…適量

｜草莓果醬｜
草莓…300g
Ⓐ
二砂糖…50g
檸檬汁…1 大匙
水…2 大匙

【做法】

1. 低筋麵粉過篩、無鹽奶油隔水加熱融化備用。
2. 在鋼盆中打蛋、加入二砂糖與鹽，用打蛋器攪拌。
3. 加入 1 的低筋麵粉，以劃大圈的方式攪拌。
4. 攪拌至沒有粉末感後倒入牛奶，均勻混合至柔滑狀，再加入已融化的無鹽奶油攪拌混合，靜置 20 分鐘。
5. 製作草莓果醬：草莓去蒂、切成 1cm 薄片，和材料 Ⓐ 一起加熱，用小火煮到草莓變軟。
6. 在溫熱的平底鍋內塗上薄薄一層無鹽奶油（不包含於材料份量中），用尖嘴勺舀起一勺麵糊倒入鍋中。
7. 麵糊周圍煎熟、全體柔軟膨脹時即可翻面，雙面都煎好後從鍋中取出，放在鐵架上冷卻，繼續將剩下的麵糊煎完。
8. 將煎好的餅皮疊成適當大小放在耐熱盤，淋上草莓果醬，吃之前先用烤箱烤 3 ～ 5 分鐘，加一球香草冰淇淋後就可享用。

Favorite item

最喜歡的東西……

1

大沼道行的馬克杯

在喜歡的陶藝作家個展上看見這個杯子，顏色和大小都對了胃口。「陶藝家做的馬克陶杯並不常見，我對這個杯子一見鍾情，每天工作時都會用。」

no.
043

福田淳子的拿手甜點

卡士達布丁

【材料】容量 150cc 的布丁容器 3 個

事前準備	焦糖醬	蛋奶醬
在布丁模型塗上薄薄一層奶油（不包含於材料份量中）	細砂糖…50g 水…1 小匙 熱水…2 小匙	牛奶…270cc 砂糖…50g 香草豆莢…1/4 支 蛋…2 顆

【做法】

1. 製作焦糖醬：在小鍋中放入水與細砂糖，以中火慢慢加熱，煮到冒出輕煙、略有焦味，顏色也變成深咖啡色時，即可熄火，倒進熱水，用刮勺攪拌均勻。均等倒入布丁模型中，放進冰箱使其冷卻凝固。
2. 製作蛋奶醬：在鍋內放入牛奶、砂糖、香草籽（事先對切，取出的香草種籽），香草豆莢也一併加入後，以中火加熱，沸騰前熄火。
3. 鋼盆裡打蛋，蛋汁分次慢慢加入 2 的鍋中，若一口氣加入容易使蛋變硬，所以要邊攪拌邊加。加完蛋汁後用篩子過濾蛋奶醬。
4. 將 3 的蛋奶醬均等注入放有焦糖醬的布丁模型中。
5. 在鍋中注入熱水，把布丁模型排放進去。熱水高度約為布丁模型高度的一半。為防鍋蓋水滴滴入杯中，所以要用布巾包住鍋蓋。
6. 加熱到水沸騰，再轉中火繼續加熱 2 分鐘後熄火，放置 15 ～ 20 分鐘，以餘溫加熱，直到布丁表面出現彈性就完成了。如果擔心裡面未全熟，可用竹籤戳入布丁確認。
7. 布丁放涼後進冰箱冷藏 2 ～ 3 小時，再從布丁模型中取出。取出時可用刀尖插進布丁與模型中間，使空氣進入後用力倒扣，布丁就會脫離了。

※ 若想做成「法式甜點布丁（le pudding a la mode）」，可先將布丁倒扣在盤上，再用鮮奶油與切片水果等裝飾。

※ 由於加熱前的蛋奶醬溫度與使用的布丁模型及鍋子種類不同，所需加熱時間也可能不同，如果放置 20 分鐘仍未見布丁凝固，可視狀況再次加熱。

Favorite item

最喜歡的東西……

1 視為聖經的參考書《麵粉做的甜點，水果做的甜點（粉のお菓子、果物のお菓子）》

從高中時代就視為寶物般珍惜的一本書。「直到今天都還是覺得裡面的食譜與設計很棒，總是一邊看著這本書，一邊希望自己也能從事這樣的工作。」

2 「fog linen work」的麻質圍裙

擁有很多件圍裙，這是最簡單樸素的一件。「搭什麼都很適合所以最常穿它，這件圍裙散發出生活感，能讓我振奮精神。」

no. 044

「ATELIER OISII WORKS」代表・食物設計師
佐藤實紗
Sato Misa

曾任甜點主廚，2008年進入飲食相關的企劃營運公司工作，於2012年獨立創業。經營以農家及餐飲店為主的食物設計工作和烹飪教室。
www.oisiiworks.com

著迷在看起來很簡單、做起來很好玩的手工果醬。

佐藤實紗以「詞彙」為主題，做出充滿豐富想像力的各種果醬，帶有獨特風格的甜點令人雀躍。

學生時代學的是美術，現在則以食物設計師的身分，從事和美術有「創作」共通點的料理工作，轉而在飲食方面發揮美感與創造力。

她擁有獨特的創意，最近和同為料理家的朋友松井里繪，雙雙著迷於「用故事或詞彙為主題製作『詞彙果醬』」，光聽這個名詞就很吸引人！也熱中於萩餅、牡丹餅、糯米粽、外郎糕、蒸麵包等，令人懷念的日式傳統樸素甜點。目前正構思運用香草與香辛料，做出口味多點變化的食譜。

過去在甜點店打工時，學會將各種食材排列組合的樂趣，

1：平日用的餐具食器，將大小或用途相同的疊在一起，重視使用的方便性。「因為一目了然，不管選用或整理都很簡單」。
2：容易弄髒的瓦斯爐附近只放常用調味料，整理得乾淨清爽。
3：以巴西里、茴香芹、薄荷、檸檬香蜂草等常用香草為中心，依照季節種在陽台上。

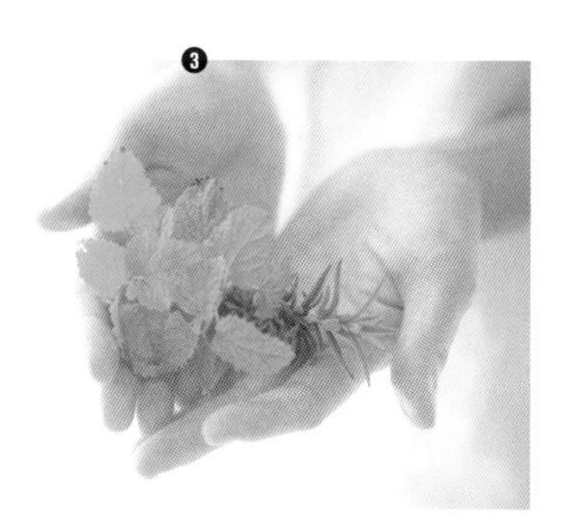

Q 擅長的料理領域？
利用當季水果做成的果醬和蜜漬水果。有時會加入不同香草或香辛料變換口味，有時只要改變切法，就會有不同滋味，因為這樣讓我一直樂在其中。

Q 在什麼樣的機緣下成為料理家？
在餐廳打工時幫忙做甜點，深受將不同食材組合出不同成品的樂趣所吸引，所以踏上這條路。曾經學過美術的背景，也對這份工作很有幫助。

Q 料理時最重視什麼？
為了讓吃的人感受樂趣，我會在料理時加入一點意想不到的設計。此外，因為是用簡單食材組合出的甜點，在選擇食材這關就很重要。

直到現在仍謹記在心。「因為喜歡樸實的口味，希望選擇美味的食材，盡可能做出單純的組合。」她這麼告訴我們。

每天最期待就是工作空檔的點心時間。一邊喝咖啡，一邊品嚐試作的點心，這段時光是她放鬆身心的幸福時刻。有時和飼養的吉娃娃玩耍、聽喜歡的音樂，一邊蒔花弄草，做這些事才能打從心底徹底放鬆。她說只要適時切換工作與休閒，就能過著愜意的每一天。

佐藤實紗的拿手甜點

放了滿滿秋天果實的提拉米蘇

【材料】5～6人份

季節水果（柿子、無花果、葡萄、西洋梨等）…適量

鮮奶油…200g

蛋黃…3個

二砂糖…90g

萊姆酒…2大匙

馬斯卡彭起司（Mascarpone Cheese）…250g

可可粉…適量

餅乾…10片

Ⓐ

即溶咖啡…4大匙

熱水…6大匙

二砂糖…1大匙

【做法】

1. 將材料Ⓐ混合後做成咖啡糖漿。把餅乾浸泡在咖啡糖漿中，再鋪於要製作提拉米蘇的容器底部。
2. 水果切成1.5cm方塊，鋪在❶的餅乾上。
3. 在鋼盆裡放鮮奶油，打至七分發的程度。
4. 蛋黃放入另一鋼盆，和二砂糖混合攪拌，隔水加熱同時用打蛋器打至呈現白色。
5. 在❹中加入萊姆酒、馬斯卡彭起司，均勻攪拌至呈柔滑狀。
6. 把打至七分發的鮮奶油加入❺的鋼盆中，用刮勺攪拌均勻。
7. 再將❻全部倒入鋪好餅乾跟水果的容器內，進冰箱冷藏凝固。
8. 吃之前撒上一些可可粉。

Favorite item

最喜歡的東西……

1 「野田琺瑯」的雙耳鍋

不只做甜點，在做燉煮料理時，這個鍋子也能大大派上用場。「琺瑯不容易沾染顏色或味道，最適合做蜜漬水果及果醬。」

2 「Le Creuset」的刮勺

矽膠做的刮勺柔軟有彈性，攪拌起來很順手。最喜歡矽膠部分可從手柄上取下，方便清洗的特性。用顏色區別料理用或甜點用。

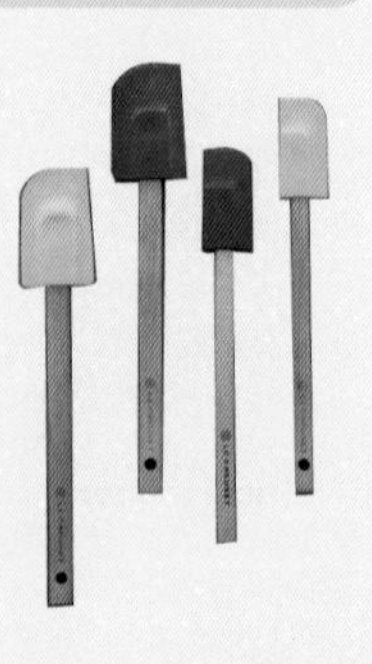

專欄裡出現的美食家們

INDEX & PROFILE

大島弘鼓
Oshima Hiroko

定居於名古屋。Lima Cooking School 名古屋分校講師，同時經營販賣有機食材與手作廚房用品的「BIO Mart & Kitchen」，領有營養師執照。
www.s-bio.jp/ ➡ P149

南屋
Minamiya

由南智征與南智美夫妻一同經營的發酵延壽料理教室「南屋」，2013 年移居北海道，在札幌開設了「生活工作室 MOTHERWATER（暮らしのアトリエ MOTHERWATER）」，著作有《南屋的便當（みなみ屋のお弁当）》、《酒糟美味食譜（酒粕のおいしいレシピ）》等。
➡ P151、177、206、207、209、210、211

尾田衣子
Oda Kinuko

取得藍帶餐飲學院東京分校文憑，後遠赴義大利佛羅倫斯學習家庭料理。主持東京西荻窪的烹飪教室「Assiette de KINU」，活躍於雜誌、電視等媒體，介紹義大利、法國家庭料理食譜與簡單方便的宴客料理，著作有《用剩下的麵包做出料理的魔法食譜（あまったパンで魔法のレシピ）》等。➡ P177

小暮愛子
Kogure Aiko

曾任江上料理學院助手，後以家庭料理研究家身分獨立創業，在自家開辦鄉里教室「豆豆廚房（まめまめキッチン）」，著作有《做、吃、笑（つくる、たべる、わらう）》。➡ P177

山脇理子
Yamawaki Riko

老家是九州歷史悠久的觀光旅館，曾在紐約生活。活用季節性食材，傳授簡單又時髦家庭料理的烹飪教室「理子廚房（リコズ キッチン）」擁有眾多粉絲，著有《宴客料理靈感簿（もてなしごはんのネタ帖）》、《臨時抱佛腳的湯頭製作課（かけこみおだし塾）》等書。
rikoskitchen.com/ ➡ P177、208

山田妙孝
Yamada Myoko

在福岡市博多區經營餐廳「mi:courier」，以採用各國料理的精華菜單蔚為話題，每週一次開張的雜貨舖也販售手工食品與手作日用品，烹飪教室廣受好評。mi-courier.com/ ➡ P177、209

安齋明子
Anzai Akiko

跟著福島「安齋果樹園」第四代經營人的丈夫安齋伸也，於震災後移居札幌，成立「飲食與生活研究所（たべるとくらしの研究所）」。安齋小姐用自家水果及蔬菜做成的咖啡店簡餐、甜點、果醬等加工食品擁有許多粉絲。夫婦倆與七歲的兒子、四歲的女兒過著四人生活。
➡ P177、210

良原里英
Yoshihara Rie

音樂家，以手風琴演奏家身分參與唱片收錄及演唱會工作之餘，也在雜誌及網路上發表充滿季節性的創意料理食譜。著作有《帶來健康身心的純淨飯菜（こころとからだのためのきれいごはん）》、《音樂家的廚房（音楽家の台所）》等。
➡ P177、210

松本朱希子
Matsumoto Akiko

料理家。原為料理家平山由香助手，後於京都「MOONE 工房（モーネ工房）」學習生活相關事物，為工房提供午餐時，以此為契機開始經營「青蛙食堂（かえる食堂）」，使用老家寄來的蔬菜水果，以當季食材做出溫暖人心的美味料理，著作有《青蛙食堂的便當（かえる食堂のお弁当）》等。➡ P178

矢田智香子
Yada Chikako

原本在東京的餐飲企劃公司從事店舖設立與菜色研發的工作，結婚後將活動重心移至福岡，提供食物造型與食譜，也主持烹飪教室「料理搭配教室 food+（料理コーディネート教室 food+）」，傳授輕鬆就能做出的時髦家庭料理。
➡ P178

古田陽子
Furuta Yoko

是料理家也是編輯，活躍於展覽會、活動、書籍、網站等領域，從事企劃編輯、執筆撰文、攝影等工作外，同時也以料理家身分展開活動。目前在「クラシコム（KURASHICOM）」的員工餐廳及「クラウドカフェ（Cloud Cafe）」（每週一、二）發揮廚藝提供餐點，也擔任自由大學「早餐學」課程講師。著作有《水果飯，水果菜（果物のごはん、果物のおかず）》等。
home-home.jp ➡ P180

渡邊麻紀
Watanabe Maki

料理家，曾任法國料理研究家助手，之後前往法國及義大利學習料理，現在為雜誌、書籍及企業提供菜色食譜與協助商品開發，活躍於眾多領域。著作有《醋漬大餐（ごちそうマリネ）》、《短義大利麵食譜書（ショートパスタブック）》、《以常用蔬菜做季節沙拉（定番野菜で季節のサラダ）》、《我的常備菜（私の常備菜）》等。➡ P206

平底鍋、深鍋、菜刀、勺子……
都是每天料理時不可或缺的廚具。
料理專家們最常用的這些調理道具，
其中蘊含許多愛用的理由。

【美食家們愛用的生活道具】

廚具篇

岡田桂織

「Wagner」的平底鍋

美國製的厚底鐵製平底鍋。「會拿來煎鹽燒鯖魚或將油豆腐烘出香氣，煮兩人份餐點時，這種尺寸的鍋子最剛好。」

中山智惠

成田理俊的平底鍋

第一次認識這鍋子是在3、4年前。最喜歡它明明是鐵製卻很輕巧的特性，煎烤東西時能煎出漂亮的顏色也是魅力所在。從炒東西到煎蛋捲，製作少量食物時很有幫助！

富田忠輔

鋁製矢床鍋*和鐵鍋夾

從在餐廳當學徒時就愛用至今。「只要用習慣，矢床鍋是很方便的鍋子，不但可以直接放在火上調理，還可代替大碗，就算直接放進冰箱也沒問題。」

※日本料理店使用，一種沒有把柄的鍋子。

井口和泉

馬場勝文的牛奶鍋

福岡縣陶藝作家馬場勝文創作的牛奶鍋，溫潤的質感很有魅力。「煮少量豆子、加熱一人份湯品，或做鮪魚醬的時候都會拿來用。」

新田亞素美

「FUTAGAMI」的開瓶器·三日月*

富山縣的黃銅生活用品品牌「FUTAGAMI」生產的開瓶器。「美麗的上弦月形狀十分吸引人，乍看雖然不知道是開瓶器，實際使用起來卻很順手。」

※上弦月的意思。

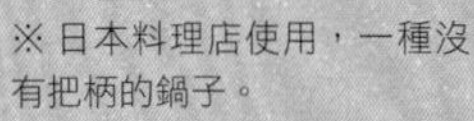

市川洋介

竹製湯勺

「光是外表就令人相當中意。」這把竹製湯勺是朋友送的禮物，尺寸最適合在家使用，深度也很剛好，舀湯時不容易灑出來。

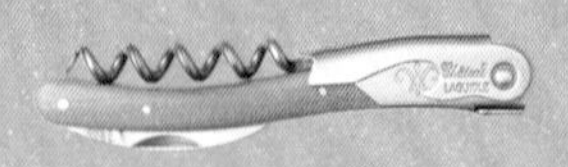

佐藤廣美

侍酒刀「Château Laguiole」

法國SCIP公司生產的侍酒刀，對熱愛葡萄酒的人來說可是夢幻逸品。時尚洗練的設計與使用天然木做的刀柄，散發高雅氣質，用愈久愈有味道。

山田妙孝

可以直接放在火上加熱的量杯

不太確定製造地是美國或加拿大的輕量不鏽鋼量杯。「加點辛香料就能直接放在火上加熱很方便。規格是240cc。」

山脇理子

「無印良品」的雙頭量匙

「短小輕巧、用來順手，是不可或缺的工具。很喜歡這種不加多餘裝飾的簡潔感、價格又親民，拿來送人對方一定也會高興。」

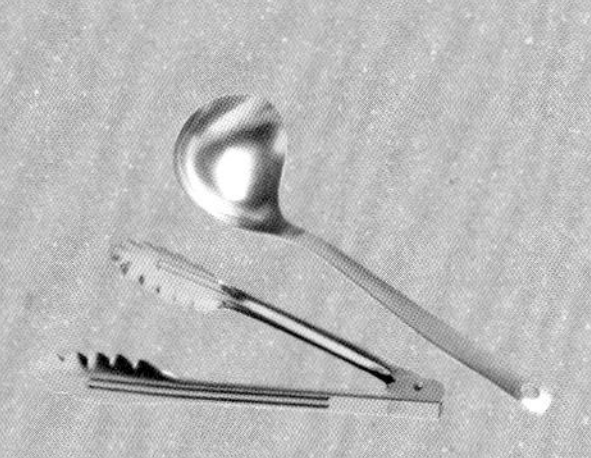

小暮愛子

「柳宗理」的勺子、購自合羽橋的夾子

勺子的好用說不完，美麗的線條也令人愛不釋手。夾子有大小兩種，小的用途廣泛，吃關東煮時還能取代勺子。

櫻井章代

「相澤工房（工房アイザワ）」的勺子

「雖是鋁製勺子，拿在手中卻具有溫度，弧度較淺，舀湯時可以輕鬆撈出配料。」勺柄上纏繞的通草藤編久了更有味道，愈用愈喜歡！

安齋明子

「東京杉本」（上）與「有次」（下）的菜刀

烹飪時使用大型日式菜刀與小型菜刀兩把刀。「因為父親是壽司師父，所以託他去築地幫我選，特別選不需花時間保養的菜刀。」

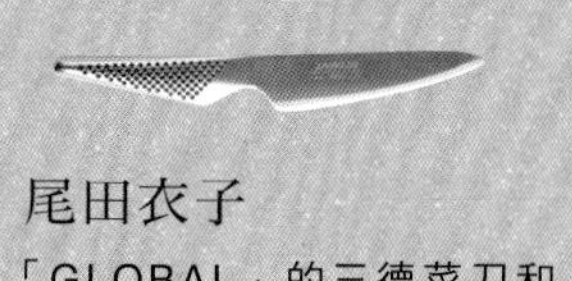

尾田衣子

「GLOBAL」的三德菜刀和小刀

已使用約八年，非常順手的兩把刀。「從刀柄到刀刃是一體成型的不鏽鋼製，不需擔心接縫處的衛生問題。小刀特別鋒利，是很常用的刀子。」

良原里英

在朋友婚禮上收到的回禮——橄欖木製砧板

朋友婚禮回送的小禮物，法國製的砧板。除了可以用來切小東西外，當作放起司或切片麵包的盤子也很適合，光是端出來放在桌上就很漂亮。

外處佳繪

在台灣買的竹製砧板

買的砧板無論大小都是竹製品。「這是台灣特產，很有當地氛圍，我很喜歡。竹子的抗菌作用高，十分推薦。」

南屋

薄刃菜刀、廚師刀、小刀

由上到下分別是薄刃菜刀、基礎廚師刀和「MISONO」的小刀。薄刃菜刀用來切菜；廚師刀是工作時常用的刀，用起來最順手；小刀用來切水果。

02

美食家們的生活小訣竅・宴客篇

替客人著想是待客的最高境界，
這邊介紹料理專家們高明的待客之道。

對第一次來訪的客人…

松本朱希子

招待對方最拿手的料理。

喜歡的東西或親手做的東西，即使不說明也能達到自我介紹的作用。就好像初次拜訪別人家時，隨著對方帶給我的印象與熱情款待的心意，也往往在我心中留下深刻印象。因此，每次招待初次見面的客人時，就養成用最喜歡或最拿手的料理來招待客人的習慣。說起我最拿手的待客料理，就是手工蜂蜜蛋糕配椿堂的溫焙茶，再和自己刺繡的擦手巾一起端上桌。

關於食器…

渡邊真紀

將茶杯放在籃子裡，
讓客人自由選用。

將玻璃杯或陶瓷茶杯放進方便移動的籃子，事先放在桌上，客人就能在想喝飲料時選自己喜歡的杯子，在人數較多或是有小孩時，光上飲料就得花很多時間，如果用這種作法，就能賓主盡歡。杯子的材質或種類不需統一，參差不齊反而顯得可愛，選擇時也才有趣。另外，很多人會將平常用的杯子和待客用的分開，我覺得將高級的杯子收起來很可惜，還不如把喜歡的杯子拿出來隨心所欲使用，反而是一種享受。

關於飲料…

矢田智香子

待客飲料
一定準備冷熱兩種。

在家款待客人的日子，一定會準備手工飲料。為了讓客人選擇自己喜歡的，冷熱兩種都會準備好，熱飲裝在保溫水壺裡，想喝的人隨時可以自己倒。

事前的準備…

市川洋介

準備好飯糰，讓客人隨時都能享用。

家裡有客人時會用炊好的飯做些小飯糰，一開始就放在餐桌上，方便客人想吃就能隨時取用。

關於茶點…

渡邊真紀

家中隨時備有水果乾和果醬。

家中隨時備有手工點心。最喜歡的是水果乾和用檸檬汁與蜂蜜醃漬的柳橙片，也會搭配早餐一起吃，平常就放在冰箱裡，也會不時炊煮一些豆類或製作果醬。這些食物方便保存，平常就先做起來備用，突然有客人上門時，也不會因為沒有茶點而傷腦筋，更何況，親手做的茶點是最棒的待客點心！

關於甜點…

櫻井章代

用冰沙清涼脾胃。

招待客人吃火鍋的日子，會用紅酒熬煮過的蘋果製成冰沙，鎮靜餐後燥熱的身體，也能享受飲酒的餘韻，吃完冰沙再來杯熱茶，讓身體好好放鬆。熱茶可以放在保溫效果佳的土瓶內，就能確保客人隨時喝得到熱茶。

關於飲料…

篠原洋子

準備幾種不同的飲料，再詢問客人喜好。

遇到拍攝的日子，會有不少因為工作關係第一次造訪的客人，有時一口氣來上五、六人，這種時候飲料的準備工作是不可或缺的，因為不知道對方口味，於是事先準備好幾種不同飲料，再詢問客人喜好。人數眾多的時候，杯子的需求量也大，但無論如何就是不想用紙杯……遇到這種情況，派上用場的就是愛用的義式濃縮咖啡杯，因為是義大利餐廳的業務用杯，杯身小巧方便收納，裝熱飲也不容易涼掉。

美食家們的生活小訣竅・宴客篇 02

關於食材選擇…

佐藤廣美

選用美味的「當季」蔬菜，喝酒時就有好話題了！

蔬菜是能從視覺上感受到季節的食材，使用當季蔬菜就能和客人展開「原來已經是這季節啦……」之類的對話。更重要的是當季蔬菜營養價值高，香氣豐富也最美味，可以做成生菜沙拉棒沾醬料吃，也可以撒點鹽輕烤，就算做成簡單的料理，都是十分美味的下酒菜。

關於飲料…

外處佳繪

把各國品牌啤酒裝在方便取用的大缽中。

和亞洲料理最搭的還是啤酒了！把台灣啤酒、泰國啤酒等各國啤酒放在大缽裡冰鎮，取用方便，也能炒熱氣氛。

餐具的選擇…

古田陽子

餐具和鍋具都是食物搭配的一部分。

因為工作關係，經常做外送食物或派對食物，選擇菜色的基準往往是「可以直接端上桌，好看又好吃」的料理。不只餐具食器，也會將鍋子等烹飪工具當作食物搭配的一環，納入考量，所以總是忍不住買下外型可愛的餐具或鍋具，辦派對時就能使用，也不缺聊天的話題。

關於飲料…

新田亞素美

準備能用眼睛欣賞的獨創雞尾酒。

用自製水果醋做成雞尾酒或稀釋燒酎，招待客人時端出這種獨創雞尾酒會很受注目，有時也會用牛奶稀釋，做成優格口味的飲料，很適合招待小朋友。杯中的彩色水果塊非常可愛，作客時當成伴手禮帶去，主人也會很開心。

事前的準備…

Hikaru

用愉悅的心情整理家中環境。

在家招待客人時，我們家習慣坐在暱稱「松鼠森林」的庭院吃飯。如果是夏天，就會先告訴客人「請戴帽子來」，也會事前將從車站到家裡的地圖用 E-mail 或普通信件通知對方，希望客人期待這次的聚會。無論招待的人是誰，都會先把家中地板擦乾淨，打開窗戶讓空氣對流，抱著愉悅的心情整理環境很重要。

事前的準備…

Osborne 未奈子

用手邊現成的材料做出一道料理。

有客人造訪的日子一定先打掃，接著再用手邊現成食材準備手工料理。因為總會儲存一些麵粉類，就能用來烤烤餅乾或蛋糕，透過甜點表達款待的心意，接著點燃鼠尾草淨化屋內空氣，也不會忘記用薰香為室內增添香氛。

多做起來放…

篠原洋子

用飯糰和味噌湯招待客人，像是回到家一般的安心感。

我家經常會因為攝影或討論工作而有客人造訪，如果時間剛好是中午，我常說著「肚子餓不餓？」一面端出飯糰、味噌湯和醃菜等料理。當然並不是特別準備，手邊有什麼食材就用什麼食材，但飯糰絕對會捏成三角形，再用海苔包起來，唯有這點絕不妥協（笑）。看到用海苔包住的三角飯糰，第一個反應一定是「看起來好好吃」。看到吃的人面露笑容地稱讚「好吃！」元氣十足繼續工作的樣子，真的很高興。

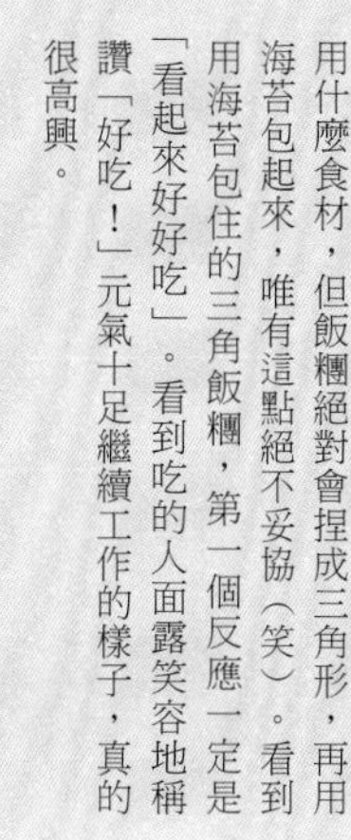

在烤得又香又酥脆的麵包上，均勻塗抹一層塔塔醬。森田三和的三明治連土司邊都香酥美味，吃到最後一口還是很好吃。

[來看看熱愛麵包的專家有什麼絕活！]

Chapter 4

麵包

BREAD

法式布里歐麵包

剛出爐的麵包香氣、咬下一口烤土司時的聲音、在口中擴散開清甜溫和的小麥香……有著刺激食慾的外觀、口感及令人難耐的香味，麵包無論何時都能為人帶來笑容。

本章將介紹不斷追求麵包美味，提倡各種麵包享用方式的七位專家。三明治、貝果、法式土司、天然酵母麵包……無論吃法或造型都很多采多姿，搭配抹醬或果醬，只要配料稍微變化，品嚐方式就有無限可能。一起盡情享受豐富多樣的麵包世界吧！

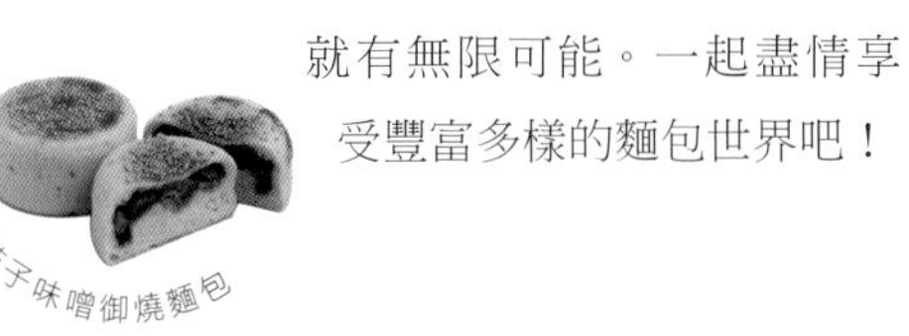

茄子味噌御燒麵包

no. 045

料理家．食物搭配專家
江端久美子
Ebata Kumiko

在法國藍帶餐飲學院留學後，曾擔任料理師助手，之後於2001年正式獨立為料理家兼食物搭配專家。主持「mado-foodstudio」，除了經營烹飪教室與舉辦各種活動，也活躍於雜誌及電影領域。

無論料理或生活，只要多點想法，就會更有趣。

可以省略的地方就巧妙地省略，
認為「均衡」最重要的江端久美子，
分享的是什麼樣的生活智慧呢？

1：包括試作在內，一週要做好幾次麵包，只要看到麵包順利烤好就很會開心。
2：客廳裡有心愛的古董用具和老物件。推車與架子上也擺著不少可愛的小東西，營造出彷彿雜貨店般的空間。
3：客廳的餐具架收納著以日式餐具為主的器皿，按照形狀與顏色，擺得很隨性。

以料理家兼食物搭配師身分獨立創業後，曾一度在東京都內開設工作室，後來因為太想追求悠閒自得的生活步調，搬到東京郊外的秋留野市。每天除了料理工作外，整理菜園與帶愛犬小蹦散步也是她的每日功課。

在平靜祥和的鄉村生活中，得以重新檢視身為料理家的自己。「過去我太堅持做個『優秀出色』的人，現在覺得回應別人對自己的期待是很重要的事。料理也開始以此為基礎，再加上一些自己的特色。」

搬家後保持生活在鄉村的步調，站在學生的立場經營烹飪教室。「課程內容都從學生提出的要求中決定，在歡樂的氣氛中做自己喜歡的料理，我的烹飪教室就是採取這種形式，教授不管是誰都能在自家完成的美味料理。」

省略也無妨的步驟就巧妙地省去，這樣做菜效率更好。她會將困難的部分換成簡單的作法，使料理與每日生活結合，連小細節都考慮周到。「一旦覺得麻煩，不管什麼事都持續不久。能省略的地方就省略，將全副心力投注在做起來開心的部分。料理或生活都一樣，保持均衡才是最重要的。」

Q 擅長的料理領域？
使用當季食材做的家庭料理，尤其擅長發揮蔬菜美味，也很會製作各種創意麵包。

Q 在什麼樣的機緣下成為料理家？
在第一份任職於烹飪教室的工作中，發現做麵包的樂趣並深受吸引。真正學會做之後，又開始接觸各種不同料理，從此一腳踏入烹飪世界。

Q 料理時最重視什麼？
希望用簡單易懂的方式，將自己覺得「好吃」的東西教給大家，為了讓做的人愛上料理，我也會懷著愉悅的心情去教。

no. 046

「KOaA」老闆
大藪佳代子
Oyabu Kayoko

經營「KOaA」自製酵母手工麵包坊，店裡也有咖啡座，同時開設一週兩天的烹飪教室及甜點教室，教授麵包烘焙或搭配麵包的料理。和建築師先生及就就讀大學的女兒、就讀高中的兒子過著一家四口的生活。

堅持每天都要用心「親手做」，麵包是，料理也是。

經營麵包坊兼咖啡店「KOaA」已經三年，
大藪佳代子每週前半段的時間忙著烹飪教室及甜點教室，
其餘時間則全心經營咖啡店。

雖然兩個孩子已經長大獨立，可以從每天做便當的生活獲得解放，大藪佳代子和先生兩人還無法任由自己過著悠哉的日子。現在的她，在做料理這件事上卯足全力。因為太喜歡麵包，三年前乾脆開了一間販賣自製酵母麵包的店「KOaA」，附設的咖啡店也在地方上廣受歡迎。

每個星期一、二在親自開辦的烹飪教室，教授麵包烘焙及適合搭配麵包的料理，另外也開設甜點教室。唯一的休假日是星期三，但也因為要準備隔天開店用的東西，而十分忙碌。可是從她身上卻一點也看不出辛苦，因為她真的非常喜愛做麵包。

受到喜歡做菜的母親影響，她對所有種類的料理都很拿手，也喜歡親手做。不只麵包，果醬、沾醬、美乃滋和培根、油漬橄欖等，只要做得出來的東西全都自己來，陽台也種了許多可用在料理的香草植物。「我還常常在陽台上做燻魚或燻肉呢！不過，一定要先確認隔壁鄰居是否在陽台上晾衣服（笑）。」

無論在店裡或自家廚房，總是認真細心地面對麵包與料理，帶著一臉明亮開朗的表情。

Q 擅長的料理領域？

所有家庭料理都擅長，製作麵包時以蔬菜為中心，有時也會一次買5公斤的肉，自己做培根。

Q 在什麼樣的機緣下成為料理家？

太喜歡麵包所以開了麵包店（笑）。家母熱愛料理，於是我也自然而然學會親手做料理，慢慢連麵包都會做了。

Q 料理時最重視什麼？

盡可能自己親手做，選擇安全且優質的食材，追求「美味的料理」。

1：將兩塊正方形砧板拼在一起，是她的獨門絕活。這麼一來切食材的效率更高，在麵包上放配料的速度也會更流暢。

2：有時會將麵包改造成甜點。圖中的口味分別是「紅豆奶油配草莓切片」和「柚子醬起司奶油與卡士達醬搭橘皮」。

3：店裡的廚房設有中島，方便同時進行多種烹調程序。

4：自家廚房有她設計的餐巾架，以及不佔空間的開放式層架。不但方便作業，外觀也清爽。

江端久美子的拿手麵包

橘皮與青橄欖全麥麵包

【杯子麵包材料】2 個份

高筋麵粉…280g
黑麥麵粉…20g
全麥麵粉…50g
即溶酵母粉…多於 1 小匙
鹽…⅔小匙
砂糖…1 大匙
溫水（35 ～ 38℃）…230cc
橘皮…50g
青橄欖（水煮）…60g
蛋白、麥片…適量

【做法】

1. 高筋麵粉、黑麥麵粉、全麥麵粉、酵母粉、鹽與砂糖量好份量後放入鋼盆，加一些溫水並均勻攪拌，使酵母徹底溶解。剩下的溫水分批逐次加入，沿著碗壁沖散麵粉並混合攪拌。溫水不要一次用完，留下一些做調節麵糰時使用。
2. 麵糰大致成型後，就將預留的溫水一點一點加入，調節麵糰的含水量，花時間慢慢揉麵，直到麵糰表面呈平滑狀。在揉好的麵糰裡加入切碎的橘皮與青橄欖，將它們均勻揉進麵糰中。
3. 麵糰揉成漂亮的圓形並放入鋼盆，用乾淨的浴帽罩起來防止乾燥，放在 35 ～ 38℃的溫暖處（也可利用有發酵機能的烤箱）進行一次發酵，等待麵糰膨脹為 2 倍大。所需時間約為 35 ～ 40 分鐘。
4. 取下浴帽，用手指戳進麵糰確認發酵狀況。打出發酵產生的氣體（排氣），從盆中取出麵糰分成 2 等分，各自揉成圓形麵糰，再度靜置 5 ～ 10 分鐘醒麵。
5. 塑形。再次打出發酵產生的氣體，並重新揉圓麵糰，放在鋪好烤紙的烤盤上，表面塗上蛋白，撒一點麥片。
6. 蓋上帆布，罩上乾淨浴帽（也可以用質地較硬的布巾沾濕擰乾後蓋上），進行二次發酵。條件與一次發酵相同，所需時間約為 30 ～ 35 分鐘。
7. 結束發酵，麵糰膨脹為 2 倍大時，在表面劃出開口，放進預熱 230℃的烤箱烤約 20 分鐘。
8. 烤好的麵包放在金屬網或竹簍上散熱冷卻。

Favorite item

最喜歡的東西……

1 裝飾在房間裡的植物

房間裡到處裝飾著小盆植物，隨時隨地都能感受綠意。廚房流理台前與架子上，工作時看得到的地方都放了幾盆。

2 海外的攝影集和畫冊

翻閱室內裝潢或介紹器皿的攝影集時，腦中往往會出現料理的靈感，對構思食譜很有幫助，想轉換心情時也是不錯的選擇。

no.
046

大藪佳代子的拿手麵包

三明治便當

a. 雞蛋三明治

【材料】可做6個三明治

Ⓐ

水煮蛋（切碎）…3個／美乃滋…3大匙／巴西里（只用葉子部分，切碎）…3～4支／香料鹽Krazy Salt…適量

奶油、美乃滋、黃芥末醬…適量／生菜…適量／土司…6片

【做法】

1. 將材料Ⓐ全部混合在一起。
2. 土司抹上奶油、美乃滋、黃芥末醬，放上適量生菜。
3. 用2的土司夾住1的食材。
4. 夾好的三明治對切成2等分。

b. 雞肉三明治

【材料】可做6個三明治

Ⓐ

檸檬汁…½顆檸檬／粗粒胡椒、鹽、美乃滋…適量

蒸（或水煮）雞胸肉…1片／奶油、美乃滋、黃芥末醬…適量／生菜…適量／土司…6片

【做法】

1. 先將雞肉沿著纖維走向撕成條狀。
2. 將材料Ⓐ和雞肉條混合均勻，一邊試味道。
3. 土司抹上奶油、美乃滋、黃芥末醬，放上適量生菜。
4. 用3的土司夾住2的食材。
5. 夾好的三明治對切成2等分。

c. 火腿起司&酪梨三明治

【材料】可做6個三明治

火腿、起司…各6片／酪梨…1顆／奶油、美乃滋、黃芥末醬…適量／生菜…適量／土司…6片

【做法】

1. 土司抹上奶油、美乃滋、黃芥末醬，放上大量生菜；酪梨切開取出種籽，削皮後切成3cm寬薄片。
2. 將火腿、起司、酪梨片放在1的土司中夾住。
3. 夾好的三明治對切成2等分。

d. 素焚糖奶油夾草莓三明治

【材料】4等分後的三明治8個

42%純生鮮奶油…200cc／素焚糖*…10g／草莓…8顆／土司…4片

【做法】

1. 將純生鮮奶油與素焚糖混合打發。
2. 打發好的鮮奶油塗在第一片土司上，然後放上縱切成4等分（可依大小調整為8等分）的草莓，再夾上另一片土司。
3. 夾好的三明治對切成4等分。

※ 日本奄美諸島出產，百分百甘蔗製成，保留豐富礦物質的一種頂級糖品。

Favorite item

最喜歡的東西……

1 「SPIC公司」的起司小刀

這盒朋友送的小刀曾被法國主廚誇讚：「妳用的是很好的東西。」會根據起司種類不同區分使用，對提高效率很有幫助。

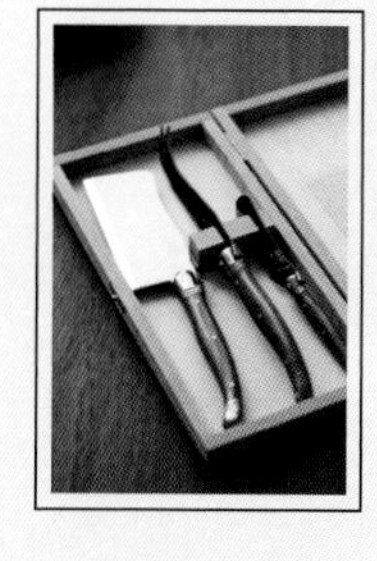

2 「迪朗奇（DeLonghi）」的義式濃縮咖啡機

整日在店裡勤奮工作的這台義式濃縮咖啡機性能優越，能夠重現設定好的味道，絕不會有口味參差不齊的情形。無論工作或私底下，一天要用上無數次。

no. 047

「Potager-RR」店主

小澤千尋

Ozawa Chihiro

在小田原市經營天然酵母麵包店「Potager-RR」，並附設有機咖啡店，提供對身體溫和無負擔，每天吃也不會膩的麵包。曾師事於自然療法派的東城百合子。目前也開設天然料理烹飪教室，提供延壽飲食法食譜。

身在大自然中，彷彿就能找回自己。

堅持有機料理的小澤千尋，每天享受自然生活，一邊維持身心平衡。

1：艾草與紅麴做的小麵包，只使用天然食材，仍保有繽紛的色彩，彈牙口感很適合用來做三明治。以季節性水果做成的天然酵母，可用來做各種麵包。

2：細心為麵糰塑型。這麼漂亮的顏色，不需化學添加物也做得出來。

3：麵糰也可用來做披薩，小澤千尋的麵包充滿豐富創意。

自小就喜歡料理，對於要成為料理家這個目標毫不猶豫。她從孩提時代開始，就跟隨以自然療法專家身分而廣為人知的東城百合子老師學習。

「國三時接受了醫食同源的思想，開始想要從事與料理相關的工作。按照老師的指導，用糙米轉換飲食習慣，身體果然變好了，從此深深體會飲食對健康的重要。因此我店裡的麵包原料也堅持使用有機麵粉、自製酵母和甜菜糖等天然的東西。」

她做的麵包不管哪一種都有層次豐富的滋味，香氣十足。對食材愈是講究，價格就愈不便宜，即使如此，美味又能帶來元氣的麵包，每天訂單仍有如雪片般飛來。儘管必須同時經營麵包坊與咖啡店，她依然散發滿滿活力與能量，偶爾感到疲倦的時候，就會到人少的森林或海邊走走，讓身心充分休息。

「身在大自然之中，彷彿就能找回自己。沒有自然環境就沒有食材，愛惜大自然是很重要的事，我希望料理也以自然與食品安全為前提，追求能讓身體感到喜悅的美味。」

Q 擅長的料理領域？

素食料理與麵包。工作上，每天都會製作有機糙米蔬食與天然酵母麵包。

Q 在什麼樣的機緣下成為料理家？

老家原本就是麵包店，認識東城百合子老師後，開始了解糙米蔬食的好處，進而想推廣這種飲食。

Q 料理時最重視什麼？

原則上就是好吃又健康。我希望自己做的料理是能讓身心充滿喜悅的料理。

no.048

山內優希子
「Kepo bagels」店主
Yamauchi Yukiko

學生時代曾經想當麵包師傅，最後選擇成為編輯。
在歷經出版社的工作後，前往京都奈良的麵包店當學徒。
2008年於上北澤開設「Kepo bagels」貝果專賣店，美味的貝果廣受好評。www.kepobagels.com

假日能與家人一起吃早餐，
是我心目中最幸福的事。

兼顧店舖經營與照顧孩子，
即使辛苦仍然笑容以對、認真製作貝果的山內優希子，
日子雖然忙碌，卻能從中感受幸福。

「直到現在，對於自己成為料理家一事都還沒有實際感受，直到有客人願意買我的貝果，甚至還有了老主顧，才覺得自己真的踏進這個世界了。」六年前開設了貝果店的山內優希子，這樣回顧起自己的工作。

她做的日式貝果與日式風味的便菜很搭，廣受歡迎，累積了許多老主顧。她說自己原本就喜歡特殊口感的食物，於是想試著透過貝果追求麵包口感的趣味性與深度，就這樣踏上開貝果店的路。然而，為了做出理想中的貝果，卻是一連串的嘗試與失敗。畢竟材料是活的，不可能永遠保持相同狀態。即使過程很辛苦，但在店內工作人員的協助下，終於也做出讓顧客喜歡的貝果。

回家後還得忙家事和帶小孩，然而也正因為有家人當後盾，她才能更努力工作。「做出美味貝果時、看到許多客人上門時，以及看到孩子們開心的模樣時，那些快樂，就是我每日活力的來源；假日和家人一起吃早餐，則是我最期待的事，還有就是每個禮拜看一次最喜歡的搞笑節目。只要有這些，我每天都感覺過得很幸福。」

Q 擅長的料理領域？
其實我並不擅長料理，只會做貝果而已。如果是麵包或三明治之類的，或許可以稱得上擅長。

Q 在什麼樣的機緣下成為料理家？
一直以來我對麵包師傅的工作非常嚮往，卻無法踏出一步。在上一份工作中，終於努力達成自己設下的目標，於是鼓起勇氣跨出這步。

Q 料理時最重視什麼？
能否讓吃的人留下記憶、重視味道與口感的平衡，總是不忘停下來思考：「這樣做就行了嗎？」

1：假日和家人一起吃早餐是她最期待的事。早餐吃麵包，再配上喜歡的蔬菜和抹醬。
2：保持甜甜圈形狀的水煮貝果。除了口感扎實的紐約式貝果，也會用來自天然麴的星野酵母做出有彈牙口感的日式貝果。
3：搭配蘋果片和蜂蜜，做成甜點貝果。

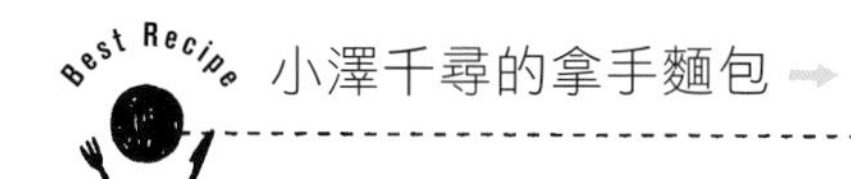

茄子味噌御燒*麵包

【材料】8 個份

麵糰	餡料
魯邦（levain）種自製酵母…120g	茄子…2 條
日本產中筋麵粉…300g	洋蔥…1/2 顆
鹽…6g	麻油…1 大匙
砂糖…3g	味噌…1 大匙
水…¾杯	味醂…1 大匙

【做法】

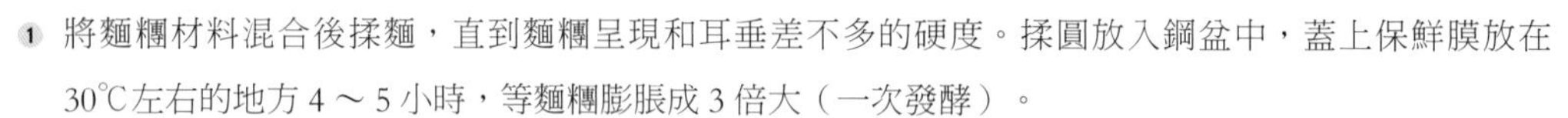

1. 將麵糰材料混合後揉麵，直到麵糰呈現和耳垂差不多的硬度。揉圓放入鋼盆中，蓋上保鮮膜放在30℃左右的地方 4 ～ 5 小時，等麵糰膨脹成 3 倍大（一次發酵）。
2. 準備餡料：茄子對半縱切，再切成 8mm 半月形；洋蔥切成 8mm 小丁。在平底鍋倒麻油，放入茄子、洋蔥、味噌與味醂，加以拌炒後放涼備用。
3. 將結束一次發酵的麵糰分成 8 等分（1 個 70g），揉圓擀平。各自包入餡料後，壓平成御燒的形狀（請參照成品圖片），配合尺寸剪下 8 片烘焙紙。
4. 鍋中放熱水，再置入蒸籠（不要開火），鋪好烘焙紙後，將御燒麵糰放上去，靜置 30 ～ 40 分鐘，使麵糰膨脹至 1.5 倍大（最終發酵）。
5. 結束最終發酵後，直接開火（中火）蒸 10 分鐘。

※「御燒」日文為「お焼き」，是一種用麵粉或蕎麥粉擀出薄皮，包入紅豆或蔬菜烤出的日式燒餅。

Favorite item

最喜歡的東西……

1. 住家附近的「空屋（そらや）」有機麵粉

盡可能使用當地有機農家生產的食材，最好是不使用農藥，接近天然的東西。

2. 「figgio」的盤子

重新裝潢店舖兼住家時獲贈的喬遷禮物。長約60cm，形狀簡樸的大盤子，兼具設計美感與實用性，很適合用來襯托小麵包。

no.
048

山內優希子的拿手麵包

日式貝果＋鹿尾菜＆奶油起司

【材料】4 個份

｜貝果麵糰｜

星野天然酵母…20g
高筋麵粉…300g
砂糖…10g
食用粗鹽…5g
水…160cc

｜餡料｜

鹿尾菜＊…想吃的量
奶油起司…160g

【做法】

1. 製作酵母生種：先提早一天用酵母做生種，使用星野天然酵母可按照袋上指示，以溫水溶解酵母，放置 1 ～ 2 天。生種放在冰箱約可保存 1 個星期。
2. 在鋼盆中加入高筋麵粉、砂糖與食用粗鹽，混合均勻後，在中央做出一凹洞，注入水，再將酵母生種放入水中。
3. 用手揉搓以上材料，使麵糰均勻沾取水分，只要麵糰不黏手，就可以停止揉麵。
4. 靜置麵糰 15 分鐘醒麵。若氣溫為 20℃左右，可置於室溫，夏天就放進冰箱。
5. 將結束醒麵，表面變得光滑的麵糰再度揉圓放置 15 分鐘。
6. 麵團稍微膨脹後，從鋼盆移到砧板上，以菜刀或刮刀切成 4 等分。
7. 分成 4 等分後，分別揉圓每個麵糰，使其表面光滑，再次放置 30 分鐘～ 1 小時醒麵。若尚未成型，就再放久一點。
8. 將麵糰放在調理台上，用擀麵棍擀成長方形，從邊緣緊緊捲起，先使其形成棒狀，再一邊扭轉一邊做成甜甜圈狀。
9. 將剪好的烘焙紙鋪在烤盤上，把 8 的麵糰一一放上。使用烤箱的發酵機能，以 30℃發酵 30 ～ 45 分鐘。看到麵糰膨脹一圈即可。
10. 將 9 的麵糰連烘焙紙一起放入沸騰的熱水中，拿掉烘焙紙水煮麵糰。約 30 秒後麵糰應會浮起。如未浮起就要繼續發酵。
11. 將剛才從熱水中取出的烘焙紙鋪在烤盤上，再將水煮過的貝果麵糰放在上面。烤箱設定 230℃，烤 18 分鐘。
12. 貝果放涼後，塗上奶油起司，夾入鹿尾菜即可享用。

※ 鹿尾菜可先與胡蘿蔔絲、醬油、砂糖炒一炒後放涼備用。若醬汁太多，可拌入芝麻吸收水分。

Favorite item

最喜歡的東西……

1 發酵步驟一定要使用的數位溫度計

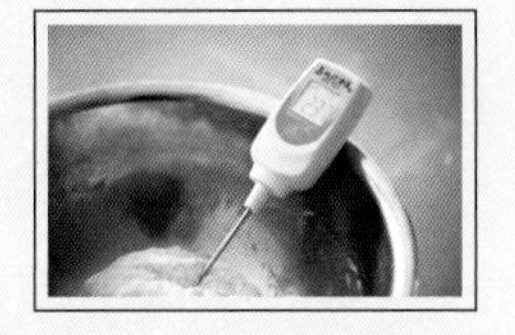

酵母的完成程度會隨氣溫改變，因此溫度計是必需品。為了防止溫度顯示時產生慣性偏差，會輪流使用好幾個溫度計。

2 各種材質與設計的奶油刀

經常需要塗抹奶油與果醬的山內家，將奶油刀分為麵包專用和奶油起司專用，這些刀能將抹醬塗得很漂亮，是她的寶物。

no. 049

「MIA'S BREAD」店主
森田三和
Morita Miwa

從大阪藝術大學設計科畢業後開始從事設計工作，一邊沉迷於麵包烘焙的興趣中，1997年在老家奈良開設了「MIA'S BREAD」咖啡廳。著作有《MIA'S BREAD的麵包與三明治（ミアズブレッドのパンとサンドイッチ）》等。

做設計和做麵包一樣，創作過程都是最有趣又無法割捨的部分。

總是活力十足的森田三和，
充滿傳遞美味幸福能量的創造力，
無論工作或是興趣，都用認真的態度面對。

1：為了讓麵包吃法更有變化而提出的三明治食譜大受歡迎，接獲許多宅配訂單。森田小姐說新鮮蔬菜含有豐富酵素，對身體很好。這道三明治不但能引出食材原味，也相當具有飽足感。

2：親手在菜園中種菜，新鮮食材的味道就是不一樣！

3：她烤的麵包連邊緣都焦香好吃，用網子烘烤，所以口感不會過硬。

森田三和是時下流行的人氣咖啡廳「MIA'S BREAD」的經營者，原本從事廣告設計工作。還在當設計師時，就經常湧現許多美食靈感，做出不少美味食物。

她說做料理是為了讓自己更有活力。早上會先烤好麵包才出門，回家時將麵包順路帶給朋友們，漸漸地，她的麵包愈來愈有名，加上後來休了產假，這段時間又想出更多麵包食譜。「對我而言，設計和麵包是一樣的，必須思考組合與平衡，適時加入重點……思考這些事對我來說非常有趣。」

休假時她還會去跳草裙舞。「跳舞也會出現靈感，平日工作所需的精力就來自草裙舞，從中又會誕生出新的想法。」總是充滿能量，無論對工作或興趣都全力以赴，也為周遭人們帶來許多活力。

除了盡情享受創作食譜的樂趣、注重食材均衡外，也蘊含了笑容在裡面。「我希望自己做的料理，是能讓人吃了覺得開心的料理，既要好吃，又能觸動靈魂！」

擅長的料理領域？

應該是以蔬菜為中心的料理吧！也擅長西式早餐，三明治就是其中一種。

在什麼樣的機緣下成為料理家？

還是設計師時就像創作慾湧現一般，做出了美味的食物。當時的麵包在口耳相傳下建立口碑，後來就成立了「MIA'S BREAD」。

料理時最重視什麼？

使用新鮮食材、注重蔬菜的處理方式（切法、瀝乾等）與處理時機。我認為活用每種食材是很重要的事。

無論育兒或咖啡店的工作，隨時保持開心樂觀是最基本要素。

經營位於逗子的人氣咖啡店「Wakanapan Bakery & Cafe」，中本若菜秉持「把握當下，盡力而為」的想法，無論育兒或經營咖啡店都樂在其中。

no. 050

「Wakanapan」老闆
中本若菜
Nakamoto Wakana

在逗子地區經營販售美味麵包、甜點與便菜的「wakanapan bakery & cafe」，週日限定的鬆餅活動「SUNDAY JAM」也頗受好評。設有線上商店 wfactory.shop-pro.jp/ 及官方網站 wfactory.jp/。

1：某天的早餐。雞蛋美乃滋熱三明治，搭配現磨豆子的手沖咖啡。
2：鹽和砂糖固定放在流理台旁，伸手就能拿到的位置。「鹽罐選擇蓋子能馬上打開的，糖罐則選擇蓋子能蓋緊的。」
3：隨時備有能引出料理深度滋味的孜然、百里香和薑黃等多種香辛料。
4：用當季水果作果醬，是她日常生活的風景之一。
5：貝果旁放的是平常用來沾炸鮭魚的塔塔醬，這也是自己切洋蔥末，和自製美乃滋混合做成的。

麵包店wakanapan bakery & cafe不只受到附近居民喜愛，甚至還有很多遠道而來的顧客。每週三到週六是麵包咖啡店，星期天則改名為「SUNDAY JAM」，以鬆餅咖啡的形式營業。

中本若菜十二年前開了一間麵包店，從開始就一邊照顧三個孩子、一邊做家事，同時經營店舖。儘管現在已經有分店了，對麵包店的相關工作仍樂在其中，但只要一回到家，還是會立刻恢復母親的身分。「在家時不會勉強自己，只做自己做得到的事。」她一派輕鬆的態度，給人柔韌又靈活的印象。

無論工作或私底下，都會盡量選擇安心又安全的食材。只要食材本身夠美味，加入適度的鹽、增添一點香氣，就能完成極美味的一道菜，所以她認為選擇食材是烹飪時最重要的事。「不管做什麼菜，還是從食材開始做起最有趣，這使我忍不住收集了許多香辛料與調味料。」醬料也好、醬汁也好，只要自己親手做就能做出屬於自家的味道。

雖然很快樂但真正忙起來的時候，也不勉強自己一定要從頭開始，保持「因為開心才去做」的態度是她一直以來的原動力，所以無論家中或店裡，永遠都是笑聲不斷。

Q 擅長的料理領域？

因為工作的緣故，手邊食譜還是偏向糕點類居多，但是日常生活做的多半是以蔬菜為主的料理，會盡量使用當季食材入菜。

Q 在什麼樣的機緣下成為料理家？

從小就喜歡烹飪也很喜歡麵包。看到自己培養的酵母做成麵包膨脹的那一刻，心中的感動促使我沉迷於麵包世界。

Q 料理時最重視什麼？

「不經意想起時，才發現這就是我們家的味道。」我希望做出像這樣留在孩子們記憶中的「媽媽的味道」。

森田三和的拿手麵包

洋菇與羅勒的歐姆蛋三明治

【材料】方形土司 2 片份

生菜…1 片
胡蘿蔔…30g
小黃瓜…½條
蕃茄…½顆
高麗菜…20g
洋菇…3 個
蛋…2 顆
乾燥羅勒…少許
起司（焗烤用）…30g
塔塔醬…2 小匙
橄欖油…適量
鹽、胡椒…少許
方形土司…2 片（厚度 15mm）

【做法】

1. 生菜洗淨瀝乾備用；胡蘿蔔削皮後切細條；小黃瓜削皮，斜切薄片；蕃茄切為 5mm 塊狀，放入簍中瀝乾；高麗菜切絲，浸泡冷水後瀝乾備用。
2. 洋菇切成 3mm 薄片，在平底鍋中熱油，煎烤洋菇片，輕撒一點鹽與胡椒調味。
3. 打蛋，將煎過的洋菇片、羅勒、起司一起加入蛋汁中混合，用小型平底鍋煎成歐姆蛋。
4. 用金屬網將方形土司烤至香酥，內側用刷子刷上薄薄一層油。
5. 墊在下面那片土司塗上適量的塔塔醬，將小黃瓜片平均排滿整片土司，上面再疊上歐姆蛋。
6. 依序均等擺上瀝乾水分的蕃茄塊、胡蘿蔔細條、高麗菜絲，折成與土司同樣大小的生菜內側也塗上塔塔醬，放在最上面，然後再蓋上另一片土司，用手略壓使食材醬料互相融合即可。

Favorite item

最喜歡的東西……

1 「OXO」的生菜脫水籃

可取代廚房紙巾的大容量脫水籃。濕答答的菜會影響味道，要瀝乾水分時，這個脫水籃就能派上用場。

2 「辻金網（金網つじ）」的烤網

特製三明治的香酥麵包，就是用這個網子烤出來的。底座是陶瓷材質，具有遠紅外線效果，會讓烤好的麵包更添香氣。

no.
050

中本若菜的拿手麵包

雞肉生菜三明治

【材料】1 人份

雞胸肉…1 小片
法式長棍麵包（Baguette）…2 片
自製美乃滋…適量
生菜…2 片
無農藥檸檬薄片…1 片
黃芥末醬…適量

【做法】

1. 雞胸肉事先水煮，切成薄片備用。
2. 在烤過的法式長棍麵包片上塗美乃滋，放上生菜、雞胸肉片與檸檬片。
3. 另一片麵包則塗上黃芥末醬，兩片夾成三明治。

｜自製美乃滋｜

【材料】方便一次做好的份量

菜籽油…180cc
醋…30cc
鹽…4g
砂糖…1g
蛋…1 顆

【做法】

1. 將所有材料放入鋼盆或大碗中，用食物攪拌棒混合均勻。

Favorite item

最喜歡的東西……

1 「百靈牌（Braun）」的食物攪拌棒

不論在家或在咖啡店都很愛用，是製作醬料、沙拉醬或點心時的必需品。「因為經常使用，放在流理台旁的架子上，以便隨時拿得到。」

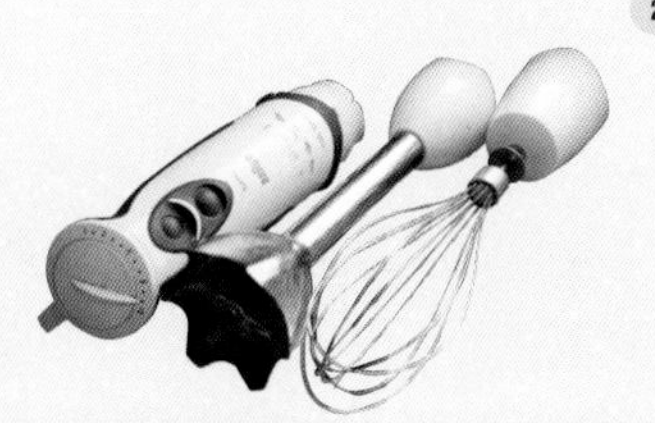

2 義大利製的奶泡器

不鏽鋼製的奶泡器。「比玻璃製品堅固耐用，是我當初選它的原因，沒想到連起泡性能都好得令我大吃一驚。從七、八年前起，不管家裡還是店裡都少不了它。」

no. 051

食物搭配專家

中田由衣

Nagata Yui

曾擔任食品製造商的商品開發，也曾在蜂蜜專賣店擔任蜂蜜教室的企劃營運，三年前獨立創業成為食物搭配師。從家庭料理到各國料理，經手的料理種類廣泛。近作有《簡單！美味！鯖魚罐頭食譜（簡単！おいしい！サバ缶レシピ）》。

平日簡單、假日悠閒，這就是我家的生活步調。

以食物搭配師身分獨立創業已經三年，巧妙切換工作與私人時間的中田由衣，重視工作，也很重視與家人共度的時光。

中田由衣的每一天，從一大早就火力全開。起床第一件事就是對六歲兒子道早安，給他一個擁抱，接著做早餐，照顧兒子吃飯，幫他換衣服，這段時間也會抽空檢查電子信箱。

「有時兒子會在這種時候吵著要玩（笑）。即使時間不夠用，忙碌空檔的親子親密接觸，是我療癒自己的方式。因工作關係，難免會有晚歸的時候，所以我很珍惜早上和孩子一起度過的時間。」相對地假日就會讓自己睡飽、做兒子喜歡的法式土司或鬆餅，然後一家三口圍著餐桌悠閒用餐。

身為食物搭配師，從家庭料理到各國料理及甜點都有涉獵。她的工作多半與烘焙相關，比方顧問方面的工作，就會提供專業的三明治製作課程等美食方案。也因為如此，平常的飲食盡可能以糙米蔬食為中心。「外子原本有過敏體質，在改為糙米蔬食為飲食中心後重獲健康，生產時也在助產院體會到『健康身體要靠飲食養成』的觀念。」

平日簡單質樸，假日則盡情享受喜歡的東西。就像這樣用最適合自己的步調，享受每天的生活。

Q 擅長的料理領域？

擅長做需要維持麵包與食材平衡口感的三明治，以及能引出麵包美味的各種料理，也很喜歡法國料理。

Q 在什麼樣的機緣下成為料理家？

在食品製造商工作時，就開始提出以麵包為主食的料理食譜。東日本大地震後，開始思考自己與家人的生存之道，決定獨立創業。

Q 料理時最重視什麼？

無論是特別的日子還是平凡的日子，都要和家人一起開心度過用餐時光。工作時隨時提醒自己「食物會影響吃的人的健康」，站在廚房時一定面帶笑容。

1：蕃茄汁加入檸檬與蜂蜜後變得更好喝，連不怎麼吃早餐的先生都願意喝，是簡單方便卻營養豐富的手工飲料。
2：烤平扁狀麵包時不一定會用烤箱，有時也用「辻金網（金網つじ）」的烤網烤。因為網子會沾染味道，烤麵包和烤地瓜用的是專用烤網。
3：笑著說早上其實爬不起來的她，早餐會利用前一晚的剩菜搭配麵包，只要能和麵包「組合得起來就好」，這樣也能大大減少準備時間。
4：餐具分成平常用和待客用，收納時也分開。

中田由衣的拿手麵包

法式布里歐麵包

【材料】方便一次做好的份量

奶油布里歐麵包＊（切成2cm片狀）…2片

無鹽奶油…適量

馬斯卡彭起司、草莓、楓糖漿…適量

｜蛋奶液Ⓐ｜

牛奶…½杯

砂糖（或甜菜糖）…10g

香草糖粉＊（如果有香草豆莢，就用¼支）…適量

｜蛋奶液Ⓑ｜

蛋…1顆

砂糖（或甜菜糖）…5g

【做法】

1. 在小鍋中混合蛋奶液Ⓐ的材料，加熱沸騰後放涼。
2. 打蛋後過濾，和砂糖混合，做成蛋奶液Ⓑ。
3. 將奶油布里歐麵包浸在蛋奶液Ⓐ中，使其吸收入味。
4. 加熱平底鍋，溶解奶油。把 3 的麵包再裹上蛋奶液Ⓑ，放入平底鍋煎。煎出焦酥金黃色即可翻面，兩面都要煎。
5. 裝盤，依個人口味放上馬斯卡彭起司和草莓，淋上楓糖漿。

※ 布里歐麵包（Brioche）是一款經典的法式奶油麵包，麵糰含有大量奶油與雞蛋，吃起來口感鬆軟、香氣濃郁。

※ 香草糖粉可以簡單自製，用全新或已刮除香草籽的香草莢，放入密封罐再加入糖，放置在陰涼處半個月以上，就能做出帶有香草風味的糖粉。

Favorite item

最喜歡的東西……

1

法國料理書《LAROUSSE gastronomique（法國飲食字典）》

這是法國飲食字典的翻譯本，她說：「雖然很貴，還是咬牙買下了。」有空時翻閱一下總能讓她覺得幸福。

專欄裡出現的美食家們

INDEX & PROFILE

朝日久惠
Asahi Hisae

京都西陣古董店「畫餅洞古董行（こっとう画餅洞）」店主。店內多為狀態良好，帶點趣味性的商品，深受內行人注目。愛逛古董店，收集許多心愛的古董品後，為了讓更多人知道古董魅力而開了自己的店。➡ P148

岩崎朋子
Iwasaki Tomoko

東京的家具雜貨店「巢巢」店主、活躍於業界的家具設計師，最近更負責「dans la nature」甜點店第一本食譜散文集《桃樹梨樹蘋果樹（ももの木なしの木りんごの木）》的攝影工作，正式成為攝影師。www.susu.co.jp ➡ P150

神谷葉月
Kamiya Hazuki

活用室內設計的經驗，與友人創辦主打麻質製品的「LINEN & DECOR」每週三營業，地點位於東京二子玉川的展覽會場，也舉辦使用麻布做家居裝潢及服裝造型的工作坊。
www.linenanddecor.net/ ➡ P149

渡部和泉
Watanabe Izumi

曾任職於中藥製造公司及無添加物食品公司，2003年獨立創業，提供點心、料理食譜，並以食物造型、咖啡文化寫手身分活躍於書籍及雜誌領域。在東京開設點心教室「atelier mel」，著作有《只要有冷凍菜，下班回家10分鐘就可享用晚餐（冷凍おかずで帰ってから10分で晩ごはん）》等。➡ P151、207、209

長田由香里
Osada Yukari

販售自己採購的北歐雜貨、「SPOONFUL」店主。著作有《北歐瑞典旅遊手冊～在城鎮之間逛雜貨（北欧スウェーデンの旅手帖～雑貨がつなぐ街めぐり～）》等。www.spoon-ful.jp ➡ P149

植野美枝子
Ueno Mieko

料理及甜點研究家、營養師。從事報社、社區的甜點講師以及教材研發工作，也為咖啡店或食品製造商開發食譜，活躍於餐飲領域，經營烹飪教室「法國點心與待客料理講座」已有九年，成績斐然，著作有《用常備菜與基礎菜變化出三百六十五天不同配菜（作りおき・使いまわしおかず365日）》等。studio-mieco.com/ ➡ P206

馬場和子
Baba Kazuko

曾任服裝設計師、高級時裝設計師，後於1997年移居栃木縣益子町，與丈夫馬場浩史共同經營咖啡藝廊「starnet」，在東京也有分店。平時擔任店舖採購、製作咖啡店輕食的每日湯品，也經手獨家商品的企劃與開發。
www.starnet-bkds.com/ ➡ P149

小林雅美
Kobayashi Masami

婚後曾一邊當上班族一邊上廚師學校，在學中亦擔任料理研究家助手，獨當一面後，提倡的「人人都能做簡單美味料理」食譜大受歡迎，活躍於雜誌、企業食譜研發等廣泛領域。與為她擔任助手的公公及丈夫三人一起生活，著作有《小盤料理便利帖（小さなおかず便利帖）》等。
➡ P206、211

廣田有希
Hirota Yuki

曾任職於外帶食品顧問公司，之後回到老家經營的料理廚具店「築地常陸屋（つきじ常陸屋）」工作。以蔬菜乾專家身分活躍於雜誌、書籍、講座等領域，著有《開始做蔬菜乾吧 散發陽光香氣的100道食譜（干し野菜をはじめよう　太陽の香りがするレシピ100）》等書。
www.tsukiji.org ➡ P150

今井洋子
Imai Yoko

甜點學校畢業後進入SAZABY皮件公司，從事商品企劃與開發工作，之後獨立創業。除了為企業研發食譜外，也在自家經營以延壽飲食法為基礎的蔬菜料理教室「roof」，著作有《以延壽飲食法做蒸磅蛋糕＆烤磅蛋糕（マクロビオティックの蒸しパウンドケーキ＆焼きパウンドケーキ）》。➡ P206、211

中山晴奈
Nakayama Haruna

就讀東京藝術大學研究所時開始以食物造型師身分活動。以NEXT KITCHEN的名義受邀前往美術館等地設計派對食物或負責製作料理，在「東北飲食通信（東北食べる通信）」連載食譜，也在石卷市與長崎縣等地，從事促進地方特色的推手工作。➡ P150

野上優佳子
Nogami Yukako

「HORBAL」公司代表，也是三個孩子的母親。除了研發食譜與專欄執筆的工作外，也以All About網站「家族便當」導覽員的身分活躍著，她所創作的食譜大人小孩都喜歡，廣受各界好評。個人網站「meal insight 日々ホオバル（meal insight 每天大口吃）」mealinsight.com/ ➡ P207

【美食家們愛用的生活道具】

保存容器篇

保存剩下的零碎蔬菜、用來放常備菜……
一起看看料理家們最愛哪些方便的保存容器吧！

小林雅美

「Rubbermaid」的保存容器

「不能進微波爐使用，但附有容易開關的蓋子，相同大小的容器還能上下疊合，剛好嵌入凹處，收納起來很方便。我也常用百元商店賣的保存容器或空瓶。」

今井洋子

法國「弓箭牌（ARCInternational）」的玻璃器皿

在居家用品店「F.O.B COOP」買了這個不用擔心沾染味道或染色的玻璃器皿。「可以保存做好的食物泥，液體類也不怕外漏，像是沒用完的豆腐可以直接和水一起放進去。」

植野美枝子

「OLD PYREX」的保鮮盒

每個都是找了很久才買到的彩色保鮮盒。「雖然無法密封，但是顏色很漂亮，可以直接端上餐桌，所以很喜歡，而且也能直接進烤箱。」

南屋

存放醃梅乾用的陶製保存容器

南屋用來醃梅乾的是陶製漬物容器。陶器溫度變化小，最適合長期保存使用。直徑 30cm 的陶壺屬於大尺寸，可醃上 6 公斤的梅子。

高橋由紀

包裝材料行買的業務用紙杯

在販賣食品包裝材料的店內購得。「因為工作經常需要用到，在這裡買一組 100 個，價格很便宜，日常生活也派得上用場。」

中川玉

舊物店買的玻璃瓶

「我很喜歡早期的藥瓶或燒杯這類容器。」特別中意這款老玻璃瓶，會用來保存糖煮豆、醬汁或橘醋。

渡邊麻紀

韓國買的泡菜用容器

很喜歡保存容器，出國時一定會特地去找。「這是在韓國買的，密閉性高，不怕味道漏出來，帶著搭電車也很放心。」

Salbot 恭子

「Le Parfait」的玻璃瓶

法國品牌「Le Parfait」的玻璃瓶密閉性高、能耐高溫煮沸。「有時也會裝一些便菜送人，只要替換墊圈就可以用很久。」

渡部和泉

「野田琺瑯」的琺瑯容器

可以冷凍保存也可以放入烤箱或瓦斯爐上直接調理。「雖然很沒創意，不過真的很方便！直接端上餐桌又不失體面的設計，也是一大優點。」

佐藤實紗

「WECK」的玻璃保鮮盒

買了最常用的形狀、不同尺寸共十個。「只要加上墊圈和壓扣，就能封得很密實，拿來作果醬或攜帶湯汁類的食物很方便。」

野上優佳子

百元商店買的密封瓶

受到便宜價格與可愛設計吸引而買下的瓶子，用來保存醬料和果醬。「雖然只要一百元日幣，卻附有橡膠墊圈的設計，機能性很高。清洗時可以拆解，也很衛生。」

小堀紀代美

「Margaret Howell」與「野田琺瑯」合作的筒型容器

「蓋子能不能蓋得緊，是我選擇保存容器的重點。」這個容器容量大，適合用來保存剩下不多不少的食材。柔和的色澤也是喜愛的點之一。

井口和泉

「無印良品」的保存容器

這種琺瑯容器蓋子可以蓋得很緊，使用起來又方便，是保存常備菜時不可或缺的幫手。可以直接放進蒸籠，煮油封食物時很依賴它。

中山智惠

「WECK」及「KINTO」的玻璃容器

可輕鬆煮沸消毒，內容物一目了然，是愛用玻璃容器的原因之一。很喜歡隔著玻璃欣賞裡面色彩繽紛的常備菜。可以層疊收納這點也很重要。

南屋

可密封的玻璃瓶

紅色蓋子的可愛法國保存容器，和原本裝糯米糖的玻璃瓶，都被善用為保存容器了。「500ml 是 2 ～ 3 人小家庭一次可吃完的量，這種大小用起來最方便。」

山戶由香

「Tupperware」的保存容器

茶色是和知名品牌「BEAMS」聯名合作的商品，其他顏色是婆婆給的，有 40 年歷史了。「不愧是 Tupperware，機能性特別好，密閉性高，可以用來保存剩下的蔬菜、乾燥食物和手工點心等。」

03

美食家們的生活小訣竅・失敗經驗談

懂生活的料理專家偷偷分享過去與料理相關的痛苦回憶，
沒想到可以從這些小故事看出每個人不同的個性，
也都是些現在終於可以笑著說出口的失敗經驗談。

宴席上…

高橋雅子

**不斷在廚房與餐桌間來回，
連客人看了都累。**

這是很久以前的事了，有次在家開派對時，因為卯足全勁，一個人在廚房和餐桌間來來回回、忙進忙出，害得來參加派對的朋友看了過意不去，完全沒辦法放鬆下來盡情享受，而我自己也手忙腳亂，顧不了那麼多（苦笑）。從此之後，為了不要在廚房和餐桌間奔忙，我學會在菜色下工夫。唯有能讓客人放鬆心情享用美酒和料理，宴席的氣氛才會好，我自己也才比較輕鬆。

做副菜時…

山脇理子

**回過頭來才發現，
全都做成偏酸的調味了……**

副菜多半比較簡單，所以並沒有在料理時失敗過。真要說的話，就是會在做副菜時不知不覺都用了偏酸的調味吧！因為丈夫和我都喜歡醋、檸檬之類的酸味食物。有天隨性做了幾樣副菜，除了醋漬品外，沙拉的沾醬和涼拌菜等全都偏酸，不過在我家這可不算失敗喔！反而我們倆都吃得很開心（笑）。

宴席上…

新田亞素美

帶去的料理味道太淡了。

參加每個人各帶一道菜的派對時，在家準備好的沙拉與醋漬料理在路上生出太多水，把口味都沖淡了。在朋友家或是戶外場地時，因為沒有相同調味料沒辦法重新調味，把原本已有幾分酒意的我嚇得都清醒了，可是後來換個角度想：「反正大家都喝醉了，應該沒關係吧！」也就放下心繼續享受派對了（笑）。

關於醃漬品…

南屋

紅菜頭，把醃床都染成粉紅色了！

有一次用白酒糟醃紅菜頭，結果把酒糟做的醃床都染成粉紅色，看到時嚇了一大跳！當然，紅色的菜頭也反過來染成雪白……千萬注意，別拿白色醃床來醃紅菜頭喔！而且才三天，紅菜頭就變成雪白色，要醃的話應該一天就夠了。另外醃東西時，醃漬時間愈久味道愈容易變濃或變酸，這時不要馬上就認為不能吃了，可以切碎後拿來炒飯，或做成涼拌菜，用在其他料理上。

做副菜時…

山田妙孝

一個不小心，就放了太多鹽和油……

大家多少有過不小心放太多鹽的經驗吧？基本上我不喜歡太鹹太辣的調味，一般都會少放一點鹽。可是明明自認已經注意了，還是會不小心放太多。鹽這種調味料，不鹹可以再加，太鹹卻無法減量，真希望自己能再多注意一點啊！也曾因為想一口氣用完而忍不住倒太多油，早知道讓它留在罐子裡就好了……

多做起來放…

渡部和泉

忘記早就多做一些放在冷凍庫，又做了新的。

食材裝在小型容器裡保存時，很容易會忘了有這回事……我常把長蔥和生薑切碎裝在盒子裡冷凍保存，卻每次都切了新的之後，打開冰箱才發現還有上次切了沒用完的（笑）。剛開始製作瓶裝保存食品時，也曾有過鹽分和糖分加得不夠多，而讓食物腐敗的經驗，所以在熟悉廚藝之前，還是乖乖按照食譜去做比較不會失敗。

煮日式料理時…

鳥海明子

燉煮熱呼呼的料理時，嚴禁急性子！

以前的我是個急驚風，明明燉菜在放涼的過程中就會入味，卻急著想在烹煮的時候讓味道定下來，因此加了過多調味料而失敗。和以前比起來，現在學會耐心等待，燉東西時也總算做得出理想的味道了。

04

美食家們的生活小訣竅・小小的堅持

懂生活的料理家們過著什麼樣的日常生活呢？
請他們分享為生活增色的講究之處、意想不到的小創意，以及厲害的小撇步吧！

做副菜時的小堅持

良原里英

沒時間就用蔬菜簡單變化。

最喜歡思考每天的菜色，也喜歡做菜，所以很少因為料理感到煩惱。唯一頭痛的是時間不夠用，這種時候，就將可以生吃的蔬菜切一切，撒點鹽或醬油，或是做成偏酸的調味。總之，就是用「切菜＋調味」兩個步驟做出不同變化，如果想吃熱食，就先切好蔬菜，撒上鹽、淋上橄欖油進烤箱烤，輕鬆就可完成一道美味的烤蔬菜了。

做副菜時的小堅持

南屋

只買當季蔬菜，一兩次可吃完的份量。

買蔬菜的基本原則是「只買當季蔬菜，一兩次可吃完的份量」。胡蘿蔔、馬鈴薯和洋蔥等，可以保存較久的基本常備蔬菜多買一點沒關係，無法久放的葉菜類，就只買一兩餐內能吃完的量。買當季食材是最聰明的做法，便宜又好吃。這是前人留下的生活智慧，我們只是拿來當榜樣而已。

選購食材時的小堅持

安齋明子

會在超市購物，也在農產直銷處買。

去超市購物時只買豆腐、納豆、油豆腐等每天會用的消耗品，出門前先確認家裡缺什麼，買齊這些就好了，盡可能不買多餘的東西，基本上都在思考怎樣才可以不要買（笑）。相反地，農產直銷處販賣很多當季的美味蔬果，只要看到就會買個夠，除了直接吃的蔬菜，也會規劃哪些可以做成保存食品，總之一定會先思考過後才下手，這樣就可以減少浪費。

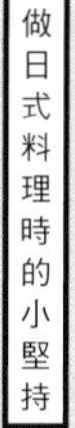

鳥海明子

做日式料理時的小堅持

每天早上都要煮，喝了感覺很幸福的味噌湯。

每早都用自製味噌煮湯，味噌有預防焦慮的效果，能讓一天在輕鬆的心情下展開。最近還會先裝在碗裡，撒上一點花椒後再喝，花椒的香氣能促進食慾，還能溫熱身體帶來活力。有時雖然不是早上也會煮清湯，單純的高湯美味滲透到身體每個角落，這樣的湯也有幸福的味道。

松井里繪

買蔬菜時的小堅持

直接向農家或蔬菜行買菜。

盡量買當季食材，而且要親眼確認、用手掂掂重量後再買，所以養成去有交情的農家或蔬菜行購買的習慣。形狀不完美也沒關係，因為美味的基準並不是從外觀判斷。

今井洋子

買蔬菜時的小堅持

根莖類、球形蔬菜、葉菜類都要均衡攝取。

這也是延壽飲食法的概念，吃菜時要均衡攝取根莖類、球形蔬菜與葉菜類。只要這三種蔬菜都吃到，營養自然均衡。這裡提到的球形蔬菜是指南瓜、洋蔥、高麗菜等生長在地面的蔬菜。此外也重視季節性，採買時與其去超市，更常到只賣當季蔬果的自然食品專賣店。

南屋

買蔬菜時的小堅持

開心享用醃漬品與保存食物。

做菜時沒用完的零碎蔬菜、趁當季時大量購買的蔬菜等，可用味噌或醬油醃漬起來長期保存，拿來配飯或當下酒菜都很不錯。此外，配合每種蔬菜的特性改變方法就能保存較長時間。比方胡蘿蔔或地瓜等根莖類切下葉子，用報紙包起來放土裡保存，據說可以讓蔬菜變得更好吃，這是前人留下來的智慧，不妨參考看看。

小林雅美

選購食材時的小堅持

不貪便宜，只依當天菜色買材料。

逛超市時總會被「特賣」或「降價」等字眼吸引，因為便宜忍不住就買了吧？如果買的是保存期限較長的東西還無妨，就怕是葉菜類或豆芽菜等很快就不能用的菜，往往買回家也用不完。在對「便宜」伸出手前，請先停下來想想當天打算做什麼料理、需要什麼食材。與其因為便宜，還不如用正常價格買需要的東西，反而比較划算。

LifeStyle 034

美食家的餐桌

拿手菜、餐具器皿、烹調巧思，和料理專家們熱愛的生活

編著　便利生活慕客誌 編輯部
翻譯　邱香凝
美術編輯　黃祺芸
企畫編輯　古貞汝
校對　連玉瑩
行銷企劃　石欣平
企畫統籌　李橘
總編輯　莫少閒
出版者　朱雀文化事業有限公司
地址　台北市基隆路二段 13-1 號 3 樓
電話　02-2345-3868
傳真　02-2345-3828
劃撥帳號　19234566 朱雀文化事業有限公司
e-mail　redbook@ms26.hinet.net
網址　http://redbook.com.tw
總經銷　大和書報圖書股份有限公司（02）8990-2588
ISBN　978-986-6029-88-2
初版一刷　2015.06

定價　380 元
出版登記　北市業字第 1403 號

國家圖書館出版品預行編目

美食家的餐桌：拿手菜、餐具器皿、
烹調巧思，和料理專家們熱愛的生活
便利生活慕客誌 編輯部編著；
邱香凝 翻譯
一初版一台北市：
朱雀文化，2015.06
面；公分，一（LifeStyle034）
ISBN 978-986-6029-88-2（平裝）
1. 飲食 2. 食譜 3. 文集

427.07　104008330